农科特色院校
学科规划、建设与评估

张新　李波　郭红祥　赵新亮/著

中国农业出版社

北　京

图书在版编目（CIP）数据

农科特色院校学科规划、建设与评估 / 张新等著.
北京：中国农业出版社，2025.4. -- ISBN 978-7-109
-33211-9

Ⅰ. S-4

中国国家版本馆 CIP 数据核字第 2025314BR4 号

农科特色院校学科规划、建设与评估
NONGKE TESE YUANXIAO XUEKE GUIHUA、JIANSHE YU PINGGU

中国农业出版社出版
地址：北京市朝阳区麦子店街 18 号楼
邮编：100125
责任编辑：姚　佳　王佳欣
版式设计：杨　婧　责任校对：吴丽婷
印刷：中农印务有限公司
版次：2025 年 4 月第 1 版
印次：2025 年 4 月北京第 1 次印刷
发行：新华书店北京发行所
开本：700mm×1000mm　1/16
印张：15
字数：285 千字
定价：98.00 元

序

在全球科技迅猛发展的当下，农业作为国计民生的基础产业，正经历着前所未有的变革与挑战。现代农业科技的发展不仅关乎粮食安全、资源利用和环境保护，也是国家综合实力的重要体现和核心竞争力之一。作为农业现代化和乡村振兴的重要驱动力，农科院校肩负着培养高素质农业科技人才、推进农业科技创新、服务"三农"的重要使命。然而，如何科学规划、建设与评估学科，成为农科院校实现可持续发展的关键课题。

《农科特色院校学科规划、建设与评估》一书，正是在这一背景下应运而生。作为农业院校学科建设工作者，我们深知学科规划与建设的重要性和复杂性。本书全面系统地探讨了农科院校学科规划、建设与评估的理论与实践，为提升农科院校的学科建设水平提供了宝贵的借鉴和指导。

农科特色：服务"三农"与绿色发展。农科院校作为服务"三农"的重要力量，必须紧密围绕农业农村现代化的需求，开展学科建设和科技创新。本书特别强调了农科院校的特色与使命，探讨了如何发挥农科院校在服务"三农"、推动绿色发展方面的优势。例如，书中提出了加强农业科技服务、推动绿色农业技术研发、建立可持续农业示范基地等具体措施，旨在提升农科院校服务农村振兴和可持续发展的能力。

学科规划：前瞻性与适应性。科学的规划是学科建设的前提和基础。本书从国家和地方经济社会发展的需求出发，强调学科规划的前瞻性与适应性。通过分析农业科技发展的趋势和特点，书中提出了优化学科布局、推动学科交叉融合、培育新兴学科等具体对策，为农科院校制定科学合理的学科发展战略提供了指导。

　　学科建设：创新性与实用性。学科建设是一个系统性工程，涉及学科定位、学科队伍建设、科研创新、教学改革等多个方面。本书结合国内外农科院校的成功经验，提出了多项切实可行的对策与措施。例如，书中详细探讨了如何建设高水平的科研平台和学科团队，如何推动科研成果的转化与应用，如何提升人才培养质量，如何加强国际合作与交流，如何服务乡村振兴战略等，为农科院校提升学科建设水平提供了实践指南。

　　学科评估：科学性与客观性。科学合理的学科评估是提升学科建设质量的重要手段。本书从学科综合实力、科研水平、人才培养质量、国际化水平、社会服务与贡献等多个维度，设计了全面的学科评估指标体系。通过对评估方法和评估指标的详细阐述，为农科院校建立科学合理的学科评估机制提供了参考。评估体系的科学性和客观性，有助于全面衡量学科的综合实力和发展水平，发现问题、总结经验、持续改进，推动学科的健康发展。

　　本书的出版得到了河南省高等教育（研究生教育类）教学改革研究与实践项目（2023SJGLX008Y 和 2023SJGLX056Y）和河南省研究生教育改革与质量提升工程项目（YJS2023JC16 和 YJS2024SZ20）的支持。在本书的撰写过程中，韩新辉和姚素梅负责审校学科规划和学科评估部分，杨倩和张向乐负责审校第五章和第七章，李勇超和张金宝负责审校第六章，张志勇负责审校第八章，高国红负责审校第十章，在此向他们表示衷心的感谢。

　　本书的理论特别是学科建设方面的内容具有广泛性和通用性，适合从事学科建设工作的人员，以及从事农业科学领域学科建设的人员阅读，读者可根据自身学科背景选择自己所需的内容进行阅读。愿本书成为广大农科院校学科建设者的良师益友，为学科建设的辉煌明天点燃希望之光。

著　者
2024 年 8 月

目 录

序

导论 ··· 1
 第一节 编写背景、意义、目标和方法 ······················ 1
 第二节 学科的定义与划分标准 ···························· 3
 第三节 高校学科建设职责的划分 ·························· 6
 第四节 学科建设与学位点建设 ··························· 10

第一部分 学科规划

第一章 农科特色院校的发展背景 ···························· 15
 第一节 当前我国研究生教育的农学学科体系 ·············· 15
 第二节 全球农业科技发展的现状与趋势 ·················· 17
 第三节 我国农业院校的发展历程与现状 ·················· 19
 第四节 我国农科特色院校面临的机遇与挑战 ·············· 22

第二章 学科规划的理论与方法 ···························· 26
 第一节 学科规划的基本理论 ···························· 26
 第二节 农科特色院校学科规划的原则与方法 ·············· 31
 第三节 学科设置与调整策略 ···························· 42

第三章 农科特色地方院校学科战略规划案例 ················ 46
 第一节 影响地方院校学科战略规划的主要因素 ············ 46
 第二节 河南科技学院的学科规划背景 ···················· 51
 第三节 河南科技学院的学科战略规划 ···················· 56

第二部分 学科建设

第四章 学科建设的基本原则与路径 ························ 61
 第一节 学科建设的基本原则 ···························· 61

第二节　学科建设的核心要素 ·················· 67
第三节　学科建设的路径与策略 ·················· 73

第五章　师资队伍建设 ·················· 85
第一节　师资队伍建设的重要性 ·················· 85
第二节　高层次人才引进与培养 ·················· 90
第三节　教师考评与激励机制 ·················· 97

第六章　科研平台与创新体系建设 ·················· 104
第一节　科研平台建设的意义与策略 ·················· 104
第二节　学科交叉与科研创新体系 ·················· 108
第三节　科研成果转化与产业化 ·················· 112

第七章　课程体系与教学改革 ·················· 118
第一节　课程体系优化与创新 ·················· 118
第二节　教学模式改革与实践 ·················· 123
第三节　教学质量保障体系建设 ·················· 128

第八章　学科国际化与合作交流 ·················· 135
第一节　学科国际化的发展路径 ·················· 135
第二节　国际合作项目与资源共享 ·················· 140
第三节　留学生教育与培养 ·················· 146

第三部分　学科评估

第九章　学科评估的基本理论与方法 ·················· 155
第一节　学科评估的理论基础 ·················· 155
第二节　学科评估的指标体系 ·················· 161
第三节　学科自我评估的方法与工具 ·················· 169

第十章　学科评估实施与反馈 ·················· 174
第一节　学科评估的实施步骤 ·················· 174
第二节　学科评估结果的反馈与应用 ·················· 182
第三节　国内外第三方学科排名及其评价指标 ·················· 188
第四节　学位授权点评估 ·················· 197

第十一章　学科国际评估及其案例分析 ·················· 208
第一节　学科国际评估的历史背景和现实意义 ·················· 208
第二节　学科国际评估的主要模式和评价维度 ·················· 210
第三节　学科国际评估的国内实践 ·················· 213
第四节　学科国际评估案例分析 ·················· 216

参考文献 ·············· 223

附录·············· 225

  附录Ⅰ 农学门类下的一级学科和二级学科 ·············· 225

  附录Ⅱ 基于专业型研究生教育的农学学科体系 ·············· 226

  附录Ⅲ 相关政策文件 ·············· 226

导　　论

第一节　编写背景、意义、目标和方法

一、编写背景

随着全球化和知识经济的迅猛发展，高等教育在国家创新体系中的地位愈发重要。农科特色院校作为我国高等教育体系的重要组成部分，承担着培养农业高素质创新人才、推动地方经济社会发展的重任。然而，大多数农科特色院校在资源配置、师资力量、科研能力等方面与"985 工程""211 工程""双一流"等国家重点建设高校存在一定差距。如何在这种背景下，通过科学的学科规划、建设与评估，实现农科特色院校的可持续发展，成为当前亟须解决的重要问题。

国家近年不断出台政策，强调高等教育质量的提升和"双一流"建设，推动农科特色院校与地方经济社会发展的深度融合。在此背景下，本书旨在为农科特色院校提供系统的理论和实践指导，通过科学的学科规划与建设，提升其综合竞争力和服务地方经济社会发展的能力。

二、研究意义

研究农科特色院校的学科规划、建设与评估，具有重要的理论和实践意义。

（一）提升教育质量

通过科学的学科规划与建设，有助于优化资源配置，提升教学质量和科研水平，使农科特色院校能够培养出更多高素质、创新型人才，满足社会对高质量教育的需求，并提升学校的办学声誉和竞争力。

（二）促进学科发展

科学的评估体系可以帮助农科特色院校准确把握学科发展的现状与不足，

制定有针对性的改进措施，推动学科不断向前发展。同时，学科评估也为资源配置提供了科学依据，保障了学科建设的有效性和公平性。

（三）服务地方经济

农科特色院校通过学科规划与建设，可以更好地对接地方经济发展需求，培养符合地方产业需要的人才，推动产学研合作，促进科技成果转化，为地方经济社会发展提供强有力的智力支持和创新动力。

（四）实现可持续发展

科学的学科规划与建设，可以提升农科特色院校的综合竞争力和影响力，吸引更多优秀人才和资源，实现学校的可持续发展。同时，也为国家高等教育的整体提升作出贡献。

（五）推动教育公平

通过研究农科特色院校学科规划、建设与评估，探索有效的政策和策略，有助于缩小不同院校之间的资源和发展差距，促进教育公平，实现教育资源的合理配置。

综上所述，对学科规划、建设与评估的研究，不仅有助于提升农科特色院校的教育质量和科研水平，为地方经济社会发展提供支持，还能推动我国高等教育事业的整体进步，具有重要的理论意义和实践价值。

三、本书目标

本书的目标在于为农科特色院校在学科规划、建设与评估方面提供系统的理论框架和实践指南，帮助其在新形势下实现高质量发展。具体目标包括如下。

（一）构建理论框架

系统阐述学科规划、建设与评估的基本理论，结合农科特色院校的实际情况，提出科学合理的理论框架。

（二）提供实践指南

结合国内外成功案例，提出农科特色院校学科规划、建设与评估的具体方法和策略，为农科特色院校提供可操作的实践指南。

（三）探索政策建议

提出提升农科特色院校学科建设的政策建议，为政府相关部门制定高等教育政策提供参考。

四、研究方法

为实现上述目标，本书采用以下研究方法。

（一）文献研究法

通过系统查阅和分析国内外关于学科规划、建设与评估的相关文献，梳理和总结已有研究成果，构建理论基础。

（二）案例分析法

选择国内外具有代表性的农科特色院校进行深入调研和分析，总结其学科规划、建设与评估的成功经验和教训，为农科特色院校提供参考。

（三）实地调研法

对部分农科特色院校进行实地调研，了解其学科建设现状和存在的问题，结合其实际需求，提出有针对性的改进措施和建议。

（四）专家访谈法

邀请农科特色院校管理者、学科建设专家等进行专题访谈，听取他们的意见和建议，丰富和完善本书的研究内容。

希望本书能够为农科特色院校在学科规划、建设与评估方面提供有益的借鉴和启示，助力其实现高质量发展，为地方经济社会发展和国家高等教育事业的整体进步做出更大的贡献。

第二节　学科的定义与划分标准

科学合理的学科定义与划分标准是高校学科建设的基础。对于高校而言，明确学科的定义和划分标准尤为重要，这不仅有助于优化教学和科研资源的配置，还能提升学科建设的科学性和规范性。

一、学科的定义

"学科"一词源自英文的 discipline，其本身具有多重含义。国外一些知名词典，如萨美尔的《英语词典》（第一卷）、《世界辞书》和《牛津大词典》（第一卷），都对 discipline 进行了多种解释，通常包括科学门类或某一研究领域、一定单位的教学内容和规范惩罚等含义。因此，从其本源来看，学科既指知识的分类和学习的科目，又指对人的培育，尤其侧重于带有强制性质的规范和塑造。

在现代社会中，大学承担着四大职能：人才培养、科学研究、社会服务和文化传承，而学科是大学实现这些职能的核心载体。美国学者伯顿·克拉克在《高等教育新论》中提出，学科包含两种含义：一是作为知识的"学科"，二是围绕这些"学科"建立起来的组织。一般认为，可以从三个角度来阐述学科的含义：①从创造知识和科学研究的角度，学科是一种学术分类，指一定科学领域或一门科学的分支，是相对独立的知识体系。②从传递知识和教学的角度，学科是教学的科目。③从大学里承担教学科研的人员来看，学科是学术的组织，即从事科学与研究的机构。

二、学科与专业概念区分

学科通过专业来承担人才培养这一职能。通常认为，专业是"高等教育培养学生的各个专门领域"，这是大学为了满足社会分工需求而进行的活动。这揭示了专业的本质内涵，表明了专业的范围、对象和功能。"专门领域"是大学区别于其他层次教育的特征之一。大学中的专业依据社会的专业化分工确定，具有明确的培养目标。社会分工的需求促成了专业的产生。有学者提出，专业处在学科体系与社会职业需求的交叉点上，这一观点基本反映了专业的本质。因此，专业的定义中有两个关键概念：社会需求与学科基础。专业需根据社会对人才的需求，依托相关学科组织课程体系，并实施教学过程以达到预期效果。

三、学科划分标准

在我国高校，学科划分的标准通常有两个：一是依据教育部最新发布的《研究生教育学科专业目录》，二是依据最新的中华人民共和国《学科分类与代码》国家标准。需要注意的是，后者适用于国家宏观管理和科技统计，而非学位授予和人才培养。

1. 《研究生教育学科专业目录》中的学科划分

《研究生教育学科专业目录》是学位授予单位开展学位授予和研究生培养工作的基本依据，适用于硕士、博士学位的授予、招生和培养，并用于学科建设和教育统计分类等工作。

自 1983 年国务院学位委员会发布《高等学校和科研机构授予博士、硕士学位的学科专业目录（试行草案）》以来，研究生教育的学科专业目录先后有 1983 年版、1990 年版、1997 年版、2011 年版以及 2022 年版 5 个版本。

2022 年 9 月，国务院学位委员会、教育部印发《研究生教育学科专业目录（2022 年）》（以下简称《2022 年版目录》）和《研究生教育学科专业目录管理办法》。已经施行 10 年的 2011 年版研究生教育学科专业目录及目录管理机制迎来了新调整。《2022 年版目录》将我国普通高校的研究生教育的学科专业体系分为三个层级：①学科门类；②一级学科与专业学位类别；③二级学科与专业领域。其中，学科门类 14 个，即哲学、经济学、法学、教育学、文学、历史学、理学、工学、农学、医学、军事学、管理学、艺术学和交叉学科，下设一级学科 117 个、博士专业学位类别 36 个、硕士专业学位类别 31 个。

《2022 年版目录》的突出变化包括：①优化了专业学位发展，所有门类下均设置了专业学位，新设了气象、文物、应用伦理、数字经济、知识产权、国际事务、密码、医学技术等一批博士或硕士专业学位类别，将法律、应用心理、出版、风景园林、公共卫生、会计、审计等一批专业学位类别调整到博士层次；②前瞻性布局重点学科，新设智能科学与技术、遥感科学与技术、纳米科学与工程、区域国别学、水土保持与荒漠化防治学、法医学、纪检监察学等一级学科或交叉学科，并对部分一级学科进行更名，调整了部分学科内涵，加强了对科技前沿和关键领域的学科支撑；③完善艺术学科专业体系，目录对艺术学门类下一级学科及专业学位类别设置进行了调整优化，在原有艺术学理论一级学科基础上，设置了艺术学一级学科，包含艺术学理论及相关专门艺术的历史、理论和评论研究，另设置了音乐、舞蹈、戏剧与影视、戏曲与曲艺、美术与书法、设计6个博士专业学位类别。

需要特别注意的是，《2022年版目录》呈现出"三并"方式：①目录与清单并行。构建"目录＋清单"（研究生教育学科专业目录＋急需学科专业引导发展清单）的学科专业建设管理新模式。目录是基本盘，每5年修订一次，以学界业界的共识为基础。②学术学位与专业学位并重。改变过去专业学位类别目录是学科目录附表的呈现方式，把两个单子"并表"，将主要知识基础相近的一级学科和专业学位类别统筹归入相应学科门类，凸显两种类型人才培养同等重要。③放权与规范并进。持续地贯彻"高校自主调、国家引导调、市场促进调"的整体思路，进一步放权学位授予单位自主设置学科专业，同时明确各单位自主设置学科专业的规范程序，加强对自主设置学科专业监管，不能保证建设质量的坚决予以退出。

2. 国家标准《学科分类与代码》中的学科划分

《中华人民共和国学科分类与代码国家标准》简称《学科分类与代码》，是我国关于学科分类的推荐标准，由国家技术监督局于1992年11月1日正式发布。第一版本GB/T 13745—1992于1993年7月1日正式实施。2006年起，国家开始修订该标准，并于2009年6月26日由国家质量监督检验检疫总局、国家标准化管理委员会发布了第二版，即GB/T 13745—2009，此后2011年和2016年又先后发布了该标准的两项修改单。该标准由国家标准化研究院提出，全国信息分类编码标准化技术委员会（SAC/TC353）归口，国家标准化研究院与国家科学与计划财务局合作起草，规定了学科分类原则、分类依据、编码方法，以及学科的分类体系和代码。该标准适用于基于学科的信息分类、共享与交换，也适用于国家宏观管理和部门应用。

国家标准GB/T 13745—2009依据学科的研究对象、研究特征、研究方法、派生来源以及研究目的、目标五个方面对学科进行分类，分为5个门类（A自然科学，代码为110～190；B农业科学，代码为210～240；C医药科学，代码为310～360；D工程与技术科学，代码为410～630；E人文与社会科学，代码为 710～910），下设 62 个一级学科、748 个二级学科、近 6 000 个三级学科。中观层次上已发展出约 5 550 门学科，其中非交叉学科为 2 969 门，交叉学科总量为 2 581 门，占全部学科总数的 46.50%。

需要特别注意的是，国家标准《学科分类与代码》中的"门类""一级学科""二级学科"均不同于《研究生教育学科专业目录》中的术语和定义。

第三节　高校学科建设职责的划分

高校学科建设职责的划分是一个复杂而系统的工程，各级组织和部门在其中扮演着不同的角色。高校领导、学科建设部门、其他机关部门（包括人事、教务、科研、国际交流、成果转化、财务、设备、后勤等管理部门）以及二级院系各自承担不同的职责，但相互协作是确保学科建设成功的关键。以下是每个角色的具体职能划分。

一、高校领导的学科建设职能

高校领导在学科建设中承担着战略决策和资源调配的重任，决定着学校学科建设的总体方向和宏观政策。他们通过制定战略、分配资源和建立外部合作关系，确保学科建设有序推进。

1. 战略决策

（1）制定学校的总体发展战略和学科建设宏观规划：明确学校的发展方向和目标。

（2）决策重大事项：如重点学科建设、资源配置、重大科研项目立项等。

2. 政策制定与执行

（1）制定和完善与学科建设相关的政策、制度和激励机制：为学科建设提供政策保障。

（2）监督和推动各部门和院系落实学校的学科建设政策和决策。

3. 资源调配

（1）统筹分配学校的资源：包括财政预算、师资力量、科研设备等，以支持重点学科和优势学科的发展。

（2）决定重大资源投入方向：确保资源的高效利用和合理分配。

4. 外部联络与合作

（1）代表学校与政府部门、行业企业、其他高校和科研机构建立合作关系：争取外部资源和支持。

（2）推动跨校际、跨行业的学术交流与合作：提升学校的影响力和学科竞争力。

二、学科建设部门的职能

学科建设部门在学校学科建设中起到协调和执行的重要作用，负责具体的规划、管理、评估和服务工作。他们确保学科建设的具体任务得以有效落实。

1. 学科规划与管理

（1）根据学校总体发展战略：制定具体的学科建设规划和实施方案，明确学科建设的目标、任务和进度。

（2）负责学科建设的日常管理和协调工作：确保各项任务顺利推进。

2. 学科评估与监控

（1）建立学科建设的评估体系和监控机制：定期对各院系的学科建设情况进行评估和检查。

（2）根据评估结果：提出改进建议和措施，推动学科建设的持续改进和提升。

3. 学科建设项目管理

（1）负责学科建设项目的立项、审批、监督和验收工作：确保项目按计划完成。

（2）管理学科建设经费的使用：确保资金的合理分配和高效利用。

4. 学科建设协调与服务

（1）协调各院系和其他机关部门之间的关系：促进跨学科合作和资源共享。

（2）为院系提供学科建设的指导和服务：解决院系在学科建设中遇到的问题和困难。

三、其他机关部门的学科建设职能

其他机关部门在学科建设中提供各类支持和保障，涵盖人事、教务、科研、国际交流、成果转化、财务、设备和后勤等方面。每个部门都有其专门的职能，确保学科建设的各个环节都能顺利开展。

1. 人事管理部门

（1）人才引进与培养：负责教师的招聘、培训、考核和晋升工作，优化师资队伍结构，提升教师队伍的整体水平。

（2）政策制定：制定和落实人才引进和培养政策，为学科建设提供高水平的人才支持。

2. 教务相关部门

（1）招生就业：负责招收研究生以及研究生的就业管理工作。

（2）教学管理：负责研究生教学计划的制定、实施和评估，优化课程设置和教学资源配置，推动学科建设中的教学改革，提升教学质量。

（3）学位授予：组织和管理研究生的开题、中期检查、毕业论文质量和答辩等工作，确保学生的培养水平。

3. 科研管理部门

（1）科研项目管理：负责科研项目的申报、管理和资助工作，支持学科建设中的科研活动。

（2）学术交流：组织和推动学术交流与合作，提升学校的科研水平和学术影响力。

4. 国际交流部门

（1）国际合作：负责学校与国外高校和科研机构的合作与交流，推动学科的国际化发展。

（2）学生交换与合作项目：管理国际学生交换项目和合作研究项目，提升学校的国际影响力。

5. 成果转化部门

（1）科技成果管理：负责科研成果的转化、推广和应用，推动学科建设成果的社会转化和应用。

（2）产业合作：与企业和产业界建立合作关系，促进科技成果的产业化。

6. 财务管理部门

（1）经费管理：负责学科建设经费的预算、审批、拨款和监督，确保资金的合理使用和规范管理。

（2）财务服务：提供财务支持和服务，保障学科建设项目的顺利实施。

7. 设备与后勤管理部门

（1）设备管理：负责学科建设中所需的科研设备、实验室设施和教学资源的配备和维护。

（2）后勤保障：提供后勤保障和服务，确保学科建设所需的各项条件得以满足。

四、院系的学科建设职能

院系是学科建设的具体实施单位，承担着学科建设的具体操作和执行工作。各院系根据学校的总体规划和政策，制定并执行本院系的学科发展规划，推动学科建设的实际进展。

1. 具体实施

（1）根据学校的总体规划和政策：制定本院系的学科发展规划，明确具体目标和实施方案。

（2）负责学科建设的具体操作、项目管理、人才培养等。

2. 资源利用

（1）有效利用学校分配的资源：合理配置本院系的师资、科研设备和教学资源，推动学科发展。

（2）争取外部资源和支持：提升学科的综合竞争力。

3. 学术交流

（1）组织和参与国内外的学术交流与合作：提升学科的学术水平和知名度。

（2）建立学术团队：推动跨学科合作和研究。

4. 反馈与调整

（1）定期向学校机关部门反馈学科发展的进展情况和遇到的问题：提出调整建议，以便更好地实现学科规划目标。

（2）根据评估和反馈意见：制定改进措施，落实整改任务，提升学科建设水平。

五、学科建设各部门和领导的联系与协作

在整个学科建设过程中，虽然学校领导、学科建设部门、学科建设相关职能部门和学科所在院系各有分工（图0-1），但各部门和领导的共同目标都是为了推动学校的学科建设，提高学科的整体水平和竞争力。信息共享和分工协作是确保工作顺利开展的关键。

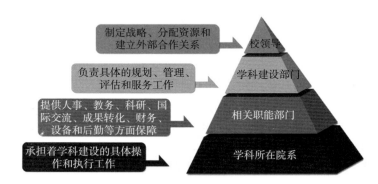

制定战略、分配资源和建立外部合作关系　→　校领导

负责具体的规划、管理、评估和服务工作　→　学科建设部门

提供人事、教务、科研、国际交流、成果转化、财务、设备和后勤等方面保障　→　相关职能部门

承担着学科建设的具体操作和执行工作　→　学科所在院系

图0-1　高校学科建设管理架构

1. 联系

各部门之间需要及时共享学科建设的相关信息，确保工作顺利开展。

2. 协作

协作是确保学科建设各项任务顺利实施的关键。高校领导负责战略决策和

资源的统筹调配，学科建设部门和其他机关部门具体执行和落实，各部门需密切配合，确保各项工作有序推进，共同完成学科建设的各项任务。

3. 评估与反馈

学科建设部门和其他机关部门负责定期对学科建设进行评估，向高校领导汇报评估结果和存在问题。根据评估结果，领导对政策和资源配置调整进行决策，各部门再根据新决策进行调整和改进。

六、本节小结

高校领导、学科建设部门、其他机关部门（包括人事、教务、科研、国际交流、成果转化、财务、设备、后勤等）以及院系在学科建设中各司其职，形成一个有机的整体。高校领导负责战略决策、政策制定和资源调配，学科建设部门负责具体的规划、管理、评估和协调，其他机关部门在人事、教学、科研、国际交流、成果转化、财务、设备、后勤等方面提供支持和保障，院系负责具体实施和执行。通过分工协作和信息共享，确保学科建设的顺利推进和持续提升。

第四节　学科建设与学位点建设

学科建设与学位点建设是提升高校综合实力和满足社会需求的两大重要内容。学科建设侧重于整体学术水平和科研实力的提升，而学位点建设则聚焦于具体的人才培养和学位授予标准。两者密切相关，既有区别，又有联系，共同促进高校的发展。

一、定义

在探讨学科建设与学位点建设的区别与联系之前，首先需要清楚地定义这两个概念。学科建设和学位点建设虽然都涉及高校的发展和提升，但它们在具体内容和目标上有明显的差异。

1. 学科建设

学科建设是指高校根据自身发展定位和办学特色，以提升学术水平和科研实力为目标，对学科进行系统规划和综合建设的过程。学科建设通常涉及学科布局、学术团队建设、科研平台搭建、教学资源配置等方面。

2. 学位点建设

学位点建设是指高校根据国家学位授予政策和自身学科发展需要，设置和优化硕士、博士学位授权点，以提高学位授予质量和培养高层次人才的工作。学位点建设主要包括学位授权点的申报、评估、认证及运行管理等环节。

二、目标

学科建设和学位点建设虽然方向不同，但都有明确的目标。学科建设更多是宏观层面的，关注整体学术水平和综合实力的提升；而学位点建设目标则更为具体，旨在提高研究生教育质量和学位授予标准。

1. 学科建设的目标

（1）提高学科的学术水平和科研能力。

（2）打造一流的学术团队和研究平台。

（3）增强学科服务社会的能力。

（4）提升学科的国际影响力和竞争力。

2. 学位点建设的目标

（1）符合国家学位授予标准，获得学位点授权。

（2）提升研究生培养质量，培养高层次创新人才。

（3）优化学位点布局，形成特色和优势。

（4）满足社会对高层次人才的需求。

三、内容

学科建设和学位点建设在实际操作中各有侧重。学科建设涉及更多的系统规划和资源整合，而学位点建设则集中在具体的学位申报、培养方案和评估管理上。

1. 学科建设的内容

（1）学科规划与布局：确定学科发展方向和重点领域。

（2）师资队伍建设：引进和培养高水平师资队伍。

（3）科研平台建设：建设重点实验室、研究中心等科研平台。

（4）教学资源配置：优化课程设置和教学资源分配。

（5）学术交流与合作：加强国内外学术交流与合作。

2. 学位点建设的内容

（1）申报与认证：根据国家和地方政策，申报新的学位授权点，并通过相关评估和认证。

（2）培养方案制定：设计科学合理的研究生培养方案，确保培养质量。

（3）评估与改进：定期对学位点进行评估，及时改进不足之处。

（4）学位授予管理：规范学位授予过程，确保学位授予质量。

四、区别

尽管学科建设和学位点建设在目标和内容上有交集，但它们在关注点和实施层面上有着显著的区别。

1. 关注点不同

（1）学科建设更关注学科的整体发展与综合实力，包括科研、教学和社会服务等多个方面。

（2）学位点建设更关注学位授予的具体环节和研究生教育质量，侧重培养高层次人才。

2. 实施层面不同

（1）学科建设涉及面广，涵盖整个学科及其相关领域，具有长期性和系统性。

（2）学位点建设相对更具体，主要集中在研究生教育阶段，具有针对性和可操作性。

五、联系

学科建设和学位点建设虽然在内容和目标上存在区别，但它们之间是相互依存、相互促进的关系。

1. 相互依存

（1）学科建设为学位点建设提供坚实的基础和支持。高水平的学科建设有助于提升学位点建设的质量。

（2）学位点建设则为学科建设注入新的活力，通过培养高层次人才，推动学科的发展和创新。

2. 共同目标

（1）两者的最终目标都是提升高校的整体办学水平，增强服务社会的能力。

（2）都需要通过合理规划、优化资源配置和加强团队建设来实现。

3. 交叉作用

（1）优质的学科建设能够为学位点提供良好的科研环境和教学资源。

（2）通过学位点建设培养出的高层次人才可以反哺学科建设，推动学科进一步发展。

六、本节小结

总之，学科建设与学位点建设在高校发展中具有不同的侧重点和实施层面，但它们之间密切相关、相互促进。学科建设为学位点建设提供了基础和保障，而学位点建设则为学科建设带来了新动力和发展机遇。二者协同发展，共同推进高校的综合实力和办学水平的提升。

第一部分
学 科 规 划

　　本部分系统探讨了农科特色院校的发展背景、学科规划的理论与方法以及案例分析。通过分析全球农业科技发展的现状与趋势、我国农业院校的发展历程与现状以及农业院校面临的机遇与挑战，明确了学科规划的重要性和必要性。介绍了学科规划的基本理论，提出了农业院校学科规划的原则与方法，并探讨了学科设置与调整的具体策略。通过国内外农业院校学科规划的成功案例分析，总结出学科规划的启示与借鉴，为农业院校科学合理地进行学科规划提供了理论基础和实践参考。

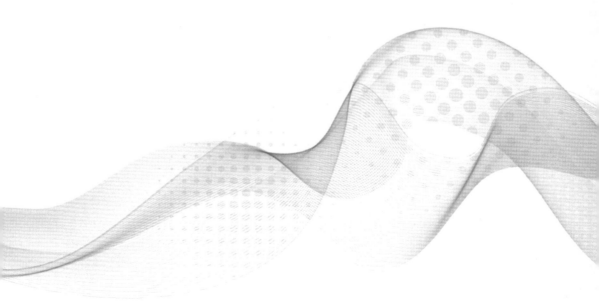

第一章 农科特色院校的发展背景

第一节 当前我国研究生教育的农学学科体系

本书中的"农科"一词，均是指基于我国研究生教育的农学学科。由于我国研究生的学位类别分为学术型学位与专业型学位，下文从这两方面进行介绍。

一、基于学术型研究生教育的农学学科体系

根据 2024 年 1 月中国学位与研究生教育学会官网发布的《研究生教育学科专业简介及其学位基本要求（试行版）》，农学门类涵盖了作物学、园艺学、农业资源与环境、植物保护、畜牧学、兽医学、林学、水产学、草学、水土保持与荒漠化防治学 10 个一级学科和 60 个二级学科（图 1-1）。

二、基于专业型研究生教育的农学学科体系

从研究生教育专业学位角度来看，农学学科涵盖农业、兽医、林业、食品与营养 4 个专业学位类别和 32 个专业学位领域（图 1-2）。

三、本节小结

为配合《研究生教育学科专业目录（2022 年）》实施，国务院学位委员会第八届学科评议组、全国专业学位研究生教育指导委员会在《授予博士硕士学位和培养研究生的学科专业简介》《学位授予和人才培养一级学科简介》《一级学科博士、硕士学位基本要求》《专业学位类别（领域）博士、硕士学位基本要求》基础上，根据经济社会发展变化和知识体系更新演化，编修了《研究生教育学科专业简介及其学位基本要求（试行版）》并于 2024 年 1 月公布，可以为各级教育主管部门和学位授予单位开展学科专业管理、规范研究生培养、加强学科专业建设、制订培养方案、开展学位授予等提供参考依据，为社

会各界了解我国学科专业设置、监督研究生培养质量提供渠道。本次公布的《研究生教育学科专业简介及其学位基本要求》为试行版，有关内容将根据各学科专业建设、发展进程不断调整完善。

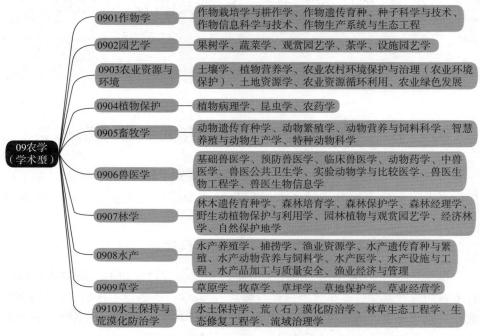

图 1-1　农学门类下的一级和二级学科体系（2024 年）

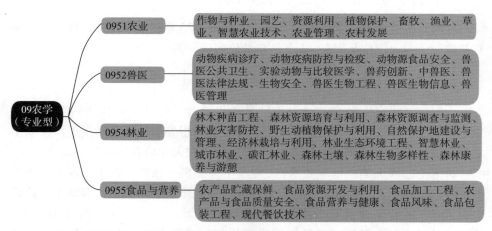

图 1-2　基于专业型研究生教育的农学学科体系（2024 年）

第二节 全球农业科技发展的现状与趋势

一、现状分析

全球农业科技发展在过去几十年中取得了显著进步，主要体现在以下几个方面。

（一）生物技术的广泛应用

1. 转基因作物

转基因技术已经在全球范围内广泛应用，尤其是在美国、巴西、阿根廷等农业大国。转基因作物，如抗虫棉、抗除草剂大豆和抗病玉米等，不仅提高了农作物的产量，还减少了农药和化肥的使用，对环境友好。

2. 基因编辑技术

CRISPR/Cas9（clustered regularly interspaced short palindromic repeats/CRISPR-associated systems）等基因编辑技术的出现，为农业生物育种带来了革命性变化。这些技术可以在不引入外源基因的情况下，精准地对目标基因进行编辑，从而培育出具有特定优良性状的农作物。

（二）信息技术与农业的融合

1. 精准农业

利用全球定位系统（GPS）、遥感和地理信息系统（GIS）等技术，精准农业能够对农田进行精确管理，提高生产效率，减少资源浪费。例如，通过无人机监测农田，可以实时掌握作物生长状况，进行精准施肥和灌溉。

2. 物联网（IoT）

物联网技术在农业中的应用也日益广泛，如智能温控系统、自动化灌溉系统和农场监控系统等，极大地提升了农业生产的自动化和智能化水平。

（三）可持续农业技术

1. 有机农业与生态农业

随着人们对环境保护和食品安全的关注度不断提高，有机农业和生态农业逐渐兴起。这些农业模式强调使用有机肥、生物防治和生态种植技术，减少化学农药和化肥的使用，保护生态环境。

2. 循环农业

循环农业通过将农业生产过程中的废弃物资源化利用，实现农业生产的可持续发展。例如，利用农作物秸秆生产生物质能源，将畜禽粪便转化为有机肥等。

（四）农业机械化与自动化

1. 智能农业机械

智能农业机械，如自动驾驶拖拉机、智能播种机和收割机等的应用，使农

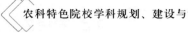

业生产过程中的机械化和自动化水平显著提升，提高了生产效率，降低了劳动强度。

2. 机器人技术

农业机器人在果蔬采摘、病虫害监测和田间管理等方面的应用，解决了劳动力短缺问题，提高了生产精度和效率。

（五）农业大数据与人工智能

1. 大数据分析

通过对农业生产过程中产生的大量数据进行采集、存储和分析，可以为农民提供科学的决策支持，优化生产管理，提高产量和质量。

2. 人工智能

人工智能技术在农业中的应用，如智能监测系统、农业专家系统和智能推荐系统等，帮助农民更好地进行病虫害防治、作物种植和产量预测等。

二、未来发展趋势

基于当前农业科技发展的现状，可以预见以下几个重要趋势。

（一）智能化农业

随着信息技术的不断发展，智能化农业将逐渐成为主流。利用大数据、物联网、人工智能等技术，农业生产的每一个环节都将实现智能化管理，极大地提高生产效率和资源利用率，减少环境污染。

（二）生物技术的深入应用

生物技术，特别是基因编辑和合成生物学，将在农业领域发挥越来越重要的作用。未来，通过基因编辑技术，可以培育出更多具有抗病、抗逆、优质高产等性状的新品种，推动农业生产的可持续发展。

（三）可持续农业的广泛推广

随着全球气候变化和环境问题的日益严重，可持续农业将成为农业发展的重要方向。有机农业、生态农业、循环农业等可持续农业模式将得到广泛推广，推动农业生产方式转型升级，实现经济效益、社会效益和生态效益的统一。

（四）农业机械化与自动化的全面普及

未来，随着科技进步和农业生产规模化、集约化程度的提高，农业机械化和自动化将进一步普及。智能农业机械和农业机器人将在更多的生产环节得到应用，推动农业生产向高效化、智能化方向发展。

（五）全球农业科技合作与交流

在全球化背景下，农业科技合作与交流将进一步加强。各国将通过合作研究、技术交流和项目合作等方式，共同应对农业生产面临的挑战，推动农业科技的全球化发展。

三、本节小结

目前，全球农业科技正处于快速发展和变革的关键时期。通过生物技术、信息技术、机械化与自动化技术、可持续农业技术等的创新应用，农业生产的效率和可持续性将得到显著提升。未来，随着科技进步和全球合作的不断加强，农业科技的发展前景将更加广阔，为全球粮食安全和可持续发展提供强有力的科技支撑。

第三节　我国农业院校的发展历程与现状

一、发展历程

我国农业院校的发展历程可以大致划分为以下几个重要阶段。

（一）创立与初步发展（20 世纪初至 1948 年）

1. 早期萌芽

我国现代农业高等教育始于 20 世纪初。1902 年，京师大学堂设置农科，标志着中国独立设置高等农业院校的开始。1910 年，清末最高学府——京师大学堂开办农科大学，同年设置本科，成为中国农业大学的开端。

2. 建校初期

在此期间，国内逐步建立了一批农业院校和农学院，如湖北高等农务学堂、直隶高等农务学堂、江西高等农业学堂、山西高等农业学堂、山东高等农业学堂、私立安徽高等农业学堂以及京师大学堂农科，这 7 所农业学堂被称为中国近代最早建立的高等农业学堂。

（二）新中国成立后的调整与发展（1949—1977 年）

1. 院系调整

20 世纪 50 年代，我国进行了一次大规模的院系调整，整合全国的农业院系，形成了一批专业化的农业院校。例如，北京农业大学、南京农业大学、华南农业大学等。

2. 科研与教育并重

此阶段，农业院校不仅注重教育，还开始重视科研工作，建立了多个农业科研机构和实验室，为农业科学的发展做出了重要贡献。

（三）改革开放后的快速发展（1978—1994 年）

1. 改革创新

随着改革开放的推进，我国农业院校进入了快速发展的阶段。国家加大了对农业教育和科研的投入，各大农业院校进行了教学改革，优化了专业设置，

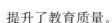

提升了教育质量。

2. 科研突破

农业院校在这一时期取得了多项重大科研成果，如杂交水稻的培育与推广，为我国农业发展提供了强有力的科技支撑。

（四）现代化与国际化阶段（1995 年至今）

1. "211 工程"

于 1995 年正式启动的"211 工程"，即面向 21 世纪、重点建设 100 所左右的高等学校和一批重点学科的建设工程。"211 工程"是新中国成立以来由国家立项在高等教育领域进行的重点建设工作，是中国政府实施"科教兴国"战略的重大举措，是国家"九五"期间提出的高等教育发展工程，也是高等教育事业的系统改革工程。截至 2011 年，共有 112 所院校进入"211 工程"，其中农科特色院校有中国农业大学、西北农林科技大学、北京林业大学、南京农业大学、华中农业大学、东北林业大学、四川农业大学、东北农业大学 8 所。

2. "985 工程"

"985 工程"，是指党中央和国务院在世纪之交为了建设具有世界先进水平的一流大学而作出的重大决策，其中包括中国农业大学和西北农林科技大学两所农科特色院校。据统计，截至 2011 年，共有 39 所高校进入"985 工程"。这些高校在国家的大力支持下，办学水平和国际影响力显著提升。

3. "双一流"建设计划

2017 年，教育部、财政部、国家发展改革委联合印发《关于公布世界一流大学和一流学科建设高校及建设学科名单的通知》，统筹推进世界一流大学和一流学科的建设。中国农业大学和西北农林科技大学进入一流大学和一流学科建设院校名单，北京林业大学、东北农业大学、东北林业大学、南京林业大学、南京农业大学、华中农业大学、四川农业大学进入一流学科建设院校名单，标志着我国农业高等教育迈上了新的台阶。

二、现状分析

（一）学科设置与专业发展

1. 多学科交叉融合

现代农学学科更加多元化，涵盖了作物学、园艺学、动物科学、环境科学、食品科学等多个领域，而且一般农业院校都设置了理学、工学、经济学、管理学等学科门类，形成了综合性、多学科交叉融合的发展格局。

2. 新兴学科发展

随着科技进步和社会需求的变化，农业院校不断开设新兴学科，如智慧农业、农业物联网、精准农业等，满足现代农业发展的需求。

（二）师资队伍与人才培养

1. 高水平师资队伍

农业院校重视高水平师资队伍的建设，通过引进海外高层次人才、培养本土优秀教师，提升了师资队伍的整体水平。

2. 创新型人才培养

各大农业院校注重培养复合型、创新型人才，通过优化课程体系、加强实践教学、开展国际交流等方式，提高学生的综合素质和国际竞争力。

（三）科研与技术创新

1. 重大科研成果

农业院校在作物育种、动植物疫病防治、农业生态环境保护等领域取得了一系列重大科研成果，推动了我国农业生产力的提高。

2. 科研平台与创新体系

建立了一批国家重点实验室、工程技术研究中心等科研平台，构建了完善的科研创新体系，提升了农业科技创新能力和成果转化水平。

（四）国际交流与合作

1. 国际化办学

农业院校积极推动国际化办学，与全球多所知名大学和科研机构建立合作关系，开展联合培养、学术交流和科研合作，提升了学校的国际影响力。

2. 留学生教育

通过开设全英文课程、提供奖学金等措施，吸引了大量国际学生来华留学，推动了农业高等教育的国际化发展。

（五）服务"三农"与社会贡献

1. 技术推广与服务

农业院校注重科研成果的推广与应用，通过科技下乡、技术培训、农业示范园区建设等方式，为农村和农业生产提供技术支持和服务。

2. 社会公益与扶贫

积极参与社会公益和扶贫工作，通过精准扶贫、人才支援、科技帮扶等措施，为脱贫攻坚和乡村振兴贡献力量。

三、未来展望

未来，我国农业院校应在以下几个方面进一步努力。

（一）加强学科建设

夯实学科建设龙头地位，以国家、地方重大需求和学科前沿为导向，巩固传统学科，强化农科特色，支持基础学科和人文学科，培育新兴学科，发展交叉学科，进一步优化学科布局，推动多学科交叉融合，提升学科整体水平和国际竞争力。

（二）提升科研创新能力

加大科研投入，建设高水平科研平台，鼓励高层次人才的原创性、前沿性研究，推动科技成果转化。

（三）深化国际交流合作

加强与国际知名高校和科研机构的合作，提升国际化办学水平和科研水平，培养具有全球视野的创新型人才。

（四）服务乡村振兴战略

积极服务国家乡村振兴战略，推动农业科技进村入户，为农业现代化和农村发展提供有力支持。

综上所述，我国农业院校在过去的发展历程中取得了显著成就，未来应继续深化改革、创新发展，不断提升办学水平和国际影响力，为我国农业现代化和农村经济社会发展做出更大贡献。

第四节　我国农科特色院校面临的机遇与挑战

一、机遇

（一）国家政策支持

中国政府高度重视农业教育和科研，通过多项政策支持农科特色院校的发展，以提升农业科技创新能力、培养高素质农业人才、促进农业现代化和乡村振兴。

1. 卓越农林人才教育培养计划

2014 年 9 月，教育部、农业部、国家林业局发布了关于批准第一批卓越农林人才教育培养计划改革试点项目的通知。总体目标是创新体制机制，办好一批涉农学科专业，着力提升高等农林教育为农输送人才和服务能力，形成多层次、多类型、多样化的具有中国特色的高等农林教育人才培养体系；着力推进人才培养模式改革创新，开展拔尖创新型、复合应用型、实用技能型 200 个人才培养模式改革试点项目，形成一批示范性改革实践成果；着力强化实践教学，建设 500 个农科教合作人才培养基地；着力加强教师队伍建设，遴选聘用 1 000 名"双师型"教师，全面提高高等农林教育人才培养质量。

2. 新农科建设

新农科建设，是指 2019 年启动的以"新农科研究与改革实践项目"为主的一系列新农科的建设事项与建设工作。目前，新农科建设已奏响"三部曲"："安吉共识"从宏观层面提出了要面向新农业、新乡村、新农民、新生态发展新农科的"四个面向"新理念；"北大仓行动"从中观层面推出了深化高等农林教育改革的"八大行动"新举措；"北京指南"将从微观层面实施新农科研究与改革实践的"百校千项"新项目。

3. 乡村振兴战略

实施乡村振兴战略，是党的十九大作出的重大决策部署，是决胜全面建成小康社会、全面建设社会主义现代化国家的重大历史任务，是新时代"三农"工作的总抓手。乡村振兴战略坚持农业农村优先发展，目标是按照产业兴旺、生态宜居、乡风文明、治理有效、生活富裕的总要求，建立健全城乡融合发展体制机制和政策体系，加快推进农业农村现代化。按照党的十九大提出的决胜全面建成小康社会、分两个阶段实现第二个百年奋斗目标的战略安排，2017年中央农村工作会议明确了实施乡村振兴战略的目标任务：2020年，乡村振兴取得重要进展，制度框架和政策体系基本形成；2035年，乡村振兴取得决定性进展，农业农村现代化基本实现；2050年，乡村全面振兴，农业强、农村美、农民富全面实现。国家推行乡村振兴战略，强调农业现代化和农村发展的科技支撑，为农科特色院校提供了广阔的发展空间和实践平台。

（二）科技进步

1. 信息技术与农业的融合

大数据、物联网、人工智能等信息技术的快速发展，为精准农业、智慧农业提供了技术支持，农科特色院校可依托先进技术推进教学和科研创新。

2. 生物技术

转基因、基因编辑（特别是 CRISPR 技术）和合成生物学等新兴生物技术为作物和畜牧业的育种、病虫害防治提供了新的手段，农科特色院校可以在这些前沿领域开展深入研究。

（三）国际化趋势

1. 国际合作

全球化背景下，国际学术交流与合作日益频繁，农科特色院校可以通过国际合作项目、联合培养等方式提升国际影响力和学术水平。

2. 留学生教育

通过国际学生交流项目和联合培养项目，吸引国际学生来华留学，推动农科教育的国际化发展，同时提升学校的国际声誉。

（四）社会需求

1. 食品安全和环保

社会对绿色食品、生态环保的需求日益增加，农科特色院校可以在可持续农业、农业生态环境保护等领域发挥重要作用。

2. 现代农业发展

随着农业生产方式的转型升级，对高素质农业人才和先进农业技术的需求不断增加，为农科特色院校的人才培养和科研工作提供了新的机遇。

二、挑战

（一）资源配置不均

1. 办学资源差距

部分地方农科特色院校在资源配置、师资力量、科研条件等方面与"双一流"高校存在较大差距，影响了整体办学水平的提升。

2. 科研经费不足

尽管有政府和企业支持，但科研经费的竞争依然激烈，高水平科研项目的申报和获取难度较大。一些农科特色院校的科研经费和基础设施建设资金相对有限，制约了学校的科研能力和教学质量。

（二）人才培养落后于市场需求

1. 复合型人才培养困难

如何培养既具备扎实专业知识，又具备创新能力和实践技能的复合型人才，成为农科特色院校面临的重要课题。

2. 学科专业融合不足

虽然研究生教育的学科专业设置多元化，但学科之间的深度融合和交叉创新仍有待进一步加强。需要进一步优化现有的研究生学科专业，加强与农业生产实际和市场需求的对接，提高毕业生的就业竞争力和社会适应能力。

3. 课程体系和教学模式需要优化

部分课程体系多年未更新，内容滞后于现代农业科技的发展，且缺乏跨学科课程，无法满足新的科研和生产需要；教学方法以传统课堂讲授为主，缺乏互动和实践，难以激发学生的创新思维和动手能力。因此，需要不断优化课程体系和教学模式，特别是专业学位研究生，需要加强实践教学和多学科交叉，提升学生的综合素质和适应能力。

（三）科研创新和成果转化困难

1. 原创性研究不足

部分农科特色院校在前沿领域的原创性研究较少，科技创新能力有待提升。科研原创性研究不足是一个复杂的问题，涉及科研资源、研究环境、激励机制、科研团队、科研设施、管理制度和社会环境等多个方面。

2. 成果转化困难

农业科技的成果转化过程复杂，周期长，风险大，农科特色院校在推动科技成果转化过程中面临一定挑战。如何将科研成果快速应用于农业生产，提高生产效率和经济效益，是农科特色院校需要解决的问题。

(四)国际竞争力有待提升

1. 国际合作深度

尽管国际交流与合作不断加强，但我国农业院校在全球高等教育界的影响力和知名度还有提升空间。如何深化与国际顶尖农科特色院校和科研机构的合作，提升科研水平和学术影响力，是我国农科特色院校的重要任务。

2. 国际化品牌建设

需要加强构建学校的国际化品牌形象、推动国际交流合作、提升科研国际化水平、加强国际招生宣传、优化国际化管理服务、利用新媒体和传统媒体宣传等多方面综合施策，可以有效提升我国农业院校的国际知名度和影响力，吸引更多优秀国际生源和科研合作机会，为我国农业科技的全球发展贡献力量。

(五)坚守社会责任与伦理

1. 科学研究与社会伦理

随着转基因、基因编辑、合成生物学等生物技术的发展，其应用在农业领域引发了社会和伦理争议，农科特色院校需要在科研过程中考虑社会责任和伦理问题。

2. 环境保护

在推动农业科技发展的同时，如何平衡农业生产与环境保护，避免科技应用带来的负面影响，是农科特色院校需要关注的课题。

三、本节小结

国内农科特色院校在机遇与挑战并存的背景下，需要不断深化改革、推动创新，提升办学水平和国际影响力。通过加强学科建设、人才培养、科研创新和国际合作，农科特色院校可以更好地应对未来农业发展的需求，为全球农业现代化和可持续发展贡献智慧和力量。

第二章 学科规划的理论与方法

第一节 学科规划的基本理论

学科规划是高校进行学科建设和发展的重要环节，它不仅关系到学校的学术水平和社会影响力，还直接影响到人才培养、科学研究和社会服务等方面的质量和效果，是确保高校在激烈的学术和科研竞争中取得优势的重要步骤。学科规划需要科学的理论指导，以下是学科规划的基本理论。

一、学科规划的概念与目标

学科规划是指高校根据自身的办学定位、发展目标和社会需求，对学科体系进行系统化、科学化的设计和安排。学科规划的主要目标包括以下几方面。

（一）优化学科布局

通过科学的学科规划，合理配置师资力量、科研设备、资金等资源，最大限度地提高资源利用效率。同时，在优势领域建立重点学科，集中资源进行重点支持，打造学科高峰。

（二）提升学科水平

加大对重点科研项目的支持力度，高水平产出科研成果；鼓励教师和学生积极参与国内外学术会议；优化课程体系和教学模式，提高学科的教学质量，增强学科的国际竞争力和影响力。

（三）促进学科交叉融合

现代农业科学是多学科交叉的结果，因此，学科规划应鼓励跨学科的研究与合作，打破学科、学院壁垒，促进农业科学与生命科学、环境科学、信息技术等多个领域的学科交叉融合，推动学科之间的相互渗透与共同发展，培养复合型人才。

（四）服务社会需求

农科特色院校学科建设应紧密结合国家和区域经济社会发展的需求，特别是农业生产和农村发展的实际需求。同时，根据社会发展需要调整学科方向和内容，提升学科对经济社会发展的贡献度；针对农业生产中的实际问题，开展应用研究和技术推广，解决行业难题，服务地方经济和社会发展，提升学科的社会服务能力。

二、学科规划的基本原则

（一）战略性原则

学科规划需要符合学校的总体发展战略，具有前瞻性和全局性，能够引领学校未来的发展方向。通过深入调研和分析，确定亟须解决的农业问题和技术瓶颈，从而制定精准的学科发展方向。

（二）科学性原则

学科规划应基于科学的分析和研究，充分考虑学科的发展规律、社会需求和国际趋势，保证决策的科学性和合理性。

（三）特色化原则

学科规划要突出学校的办学特色和优势，打造具有竞争力的特色学科，形成独特的学科品牌。

（四）协调性原则

学科规划需要统筹协调学科之间的关系，避免资源的重复投入和学科的无序发展，实现资源的优化配置和效益最大化。

（五）可持续性原则

学科规划应考虑学科发展的长期性和可持续性，构建良性的学科发展机制，确保学科的持续健康发展。例如，高校根据自身基础和规划，结合国家和社会需求，设置本科专业，然后申请校级重点学科，进而申请硕士学位点、省级重点学科、博士学位点、省级一流学科，最终具备冲击国家一流学科的实力（图 2-1）。

三、学科规划的基本步骤

（一）现状分析

1. 内部分析

评估学校现有师资、科研条件、基础设施等资源状况，包括现有学科的优势、劣势、机会和威胁（SWOT 分析），了解各学科的现状、发展潜力及其主要发展瓶颈。

2. 外部分析

对国家和地方农业发展需求开展调研，与行业专家、政府机构、农业企业和农民进行座谈，了解行业需求与趋势，识别亟须解决的问题和技术瓶颈。分

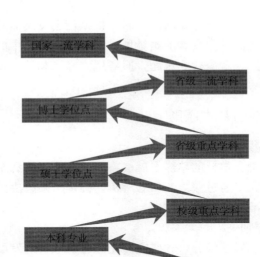

图 2-1　一种良性的学科发展机制

析社会经济发展趋势、科技进步和政策环境，掌握社会对学科发展的需求和期望。

（二）战略定位

1. 办学定位

办学定位是大学基于对自身发展历史文化传统、现有办学资源以及办学环境等方面的系统总结，是关乎近期和中长期办学目标、办学层次、办学特色、人才培养、科研水平、服务面向的战略选择。办学定位在大学各项工作中具有统领作用，决定了学校的发展目标、发展战略和发展方向。

2. 目标设定

根据学校某一时期的发展目标或发展规划，确定该时期学科建设的具体目标和任务，建立科学的评价指标体系。

3. 评价与反馈

通过定期评估学科建设效果，发现问题和不足，并充分听取师生、校友和社会各界的意见和建议，进行动态调整和优化，持续改进办学质量和科研水平。

（三）学科布局

1. 重点学科

重点学科一般是指高校或学术性科研机构，将有限的资源用于某些学科，以实现人才和技术上的突破，在激烈的竞争中占领部分学科发展的一席之地，这些学科被称为重点学科。农科特色院校应选择和扶持一批具有发展潜力和优势的农业相关学科，集中资源进行重点建设。

2. 新兴学科

新兴学科，也可以称为新型学科，是相对于基础学科、传统学科，指通过文理渗透、理工交融，跨学科、多学科的学科交叉融合的交叉学科、融合学科、交叉融合学科、新兴交叉学科。农科特色院校应根据科技进步和社会需求，开设和发展一批新兴学科，保持学科的创新活力。

3. 基础学科

所谓基础学科，是指研究社会基本发展规律，提供人类生存与发展基本知识的学科，一般多为传统学科，如数学、物理、化学、哲学、社会科学、历史、文学等。农科特色院校注重加强基础学科（特别是数学、物理、化学、生物学）的建设，夯实学科发展的基础，提高学科的整体水平。

(四) 资源配置

1. 师资队伍建设

高水平学科的发展离不开高素质的人才队伍。学科规划应注重人才培养，建立完善的人才引进、培养和激励机制，打造专业素质高、科研能力强的师资队伍和学术团队，提升学科的教学和科研能力。

2. 科研设施与平台

应合理配置科研资源，确保实验室、科研设备、图书资料等基础设施的建设和更新，提供良好的科研条件和技术支持，保障科研工作顺利开展，以便建设更高水平的科研设施和平台。

3. 经费投入

合理安排学科建设经费，加大对重点学科和新兴学科的支持力度，确保学科发展的资金保障。

(五) 实施与评估

1. 实施方案

制定具体的学科建设实施方案，明确责任单位和时间节点，确保规划的顺利实施。具体来说，包括以下内容：①细化目标。将学科规划的总体目标细化为具体的、可操作的任务，明确每项任务的具体内容和要求。②责任分工。明确各项任务的责任单位和责任人，确保每项任务有专人负责。③时间节点。制定详细的时间表，明确每项任务的起止时间和关键节点，确保各项任务按计划推进。④资源配置。合理配置人力、物力和财力资源，确保各项任务所需资源的充足和及时供应。⑤具体措施。制定具体的实施措施和操作方案，如人才引进和培养计划、科研项目申报指南、教学改革方案等。此外，针对重点任务和关键环节，组建专项工作组或项目组，制定详细的工作计划，明确工作步骤和预期成果，定期汇报工作进展，集中力量攻坚克难。

2. 过程管理

加强学科建设的过程管理，及时发现和解决问题，保证学科建设的质量和效果。例如，建立学科建设的实时监控机制，使用信息化手段跟踪各项任务的进展情况，确保任务按计划推进；各责任单位定期向学校学科建设领导小组汇报工作进展，提交阶段性成果和总结报告；通过定期检查、专项督查和师生反馈等途径，及时发现学科建设过程中存在的问题和不足；建立快速反应机制，对发现的问题进行分析和研判，制定切实可行的解决方案，并及时加以解决。

3. 效果评估

采用定量与定性相结合的方法，通过数据统计、问卷调查、访谈座谈等多种形式，定期对学科建设的效果进行评估，依据评估结果进行调整和优化，形成良性的学科发展机制。

四、学科规划的理论基础

（一）系统论

学科规划是一个系统工程，需要运用系统论的原理，统筹考虑各种因素，进行科学决策和系统设计，确保学科规划的科学性和合理性。

（二）战略管理理论

学科规划需要借鉴战略管理理论，根据学校的战略目标和外部环境，制定科学的学科发展战略，提高学科建设的有效性和竞争力。

（三）组织行为学

学科规划涉及组织结构、管理机制和人力资源的配置，需要运用组织行为学的原理，优化组织结构，激发教师和科研人员的积极性和创造性。

（四）教育经济学

学科规划需要考虑资源的合理配置和经济效益，需要借鉴教育经济学的原理，进行成本效益分析，优化资源配置，提高学科建设的经济效益。

（五）创新理论

学科规划需要推动学科的创新发展，借鉴创新理论的原理，激发学科的创新活力，提升学科的创新能力和竞争力。

五、本节小结

学科规划是高校实现可持续发展的重要保障，需要科学的理论指导和系统的实践操作。通过科学的学科规划，高校可以优化学科布局，提升学科水平，推动学科的交叉融合，服务社会需求，实现可持续发展和竞争力的提升。未来，高校应不断探索学科规划的理论与实践，适应新形势、新任务的要求，为国家和社会培养更多高素质人才，提供更强有力的科技支撑和智力支持。

第二节　农科特色院校学科规划的原则与方法

在进行农科特色院校学科规划时，需要结合农业学科的特殊性，遵循科学合理的规划原则，并采用适当的方法来实现学科的可持续发展和发展目标。

一、学科规划的基本原则

（一）科学性原则

1. 理论依据

学科规划应以扎实的理论基础为依据，包括系统论、战略管理理论、资源基础理论等，确保规划的科学性和可靠性。

2. 数据支持

规划过程应基于翔实的数据和信息，如师资力量、科研成果、学术水平、社会需求等，进行科学分析和决策。

（二）前瞻性原则

1. 发展趋势

学科规划应具有前瞻性，能够预见未来的发展趋势和科技进步，提前布局和规划学科的发展方向。

2. 创新驱动

注重创新驱动，通过前沿研究和技术开发，引领学科的发展和进步，提升学科的核心竞争力。

（三）特色性原则

1. 区域特色

农科特色院校应充分考虑区域农业发展的实际需求和特色，因地制宜地规划学科布局和研究方向。

2. 学科特色

突出学校的学科优势和特色领域，形成具有竞争力和影响力的学科品牌，打造一流的农业学科群。

（四）协调性原则

1. 内部协调

学科规划应注重各子学科之间的协调发展，避免单一学科发展或不平衡发展，实现学科的整体提升。

2. 外部协调

注重与区域经济、社会发展和国家战略的协调，服务国家和地方的重大需求，实现学科的社会价值和影响力。

（五）可持续性原则

1. 资源利用

学科规划应合理利用资源，提高资源利用效率，实现资源的可持续发展和利用。

2. 长期发展

注重学科的长期发展和持续创新，建立健全学科发展机制和保障体系，确保学科的可持续发展。

二、学科规划的方法

（一）环境分析方法

1. SWOT 分析

通过对学科的优势（strength）、劣势（weakness）、机会（opportunity）和威胁（threat）进行全面分析（图 2-2），明确学科的现状和发展潜力。

图 2-2　基于 SWOT 法全面分析学科

2. PEST 分析

分析政治（politics）、经济（economy）、社会（society）和技术（technology）等外部环境因素（图 2-3），预测其对学科发展的影响。

图 2 - 3　基于 PEST 法分析学科的外部影响因素

（二）目标设定方法

1. SMART 原则

设定具体化（specific）、可量化（measurable）、可实现（achievable）、相关性（relevant）和有时限（time-bound）的学科发展目标（图 2 - 4），确保目标的明确性和可操作性。

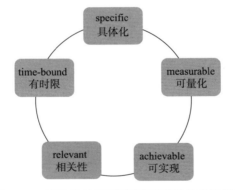

图 2 - 4　基于 SMART 原则设定学科的发展目标

2. 层次分析法

层次分析法通过系统地将学科发展目标细化为各级子目标，在不同层次上进行精确规划和推进。例如，学科层次可分为校级重点学科、省级重点学科、省级特色骨干学科、一流学科等层次（图 2 - 5）。在宏观层次上，一流学科的建设需瞄准国际标准，提升全球学术影响力和竞争力，打造高水平的研究团队和成果；在中观层次，省级重点学科和省级特色骨干学科的目标是立足区域发展需求，培育具有地方特色和优势的学科方向，加强与地方产业的结合，提升服务和创新能力；在微观层次，校级重点学科则专注于基础能力的强化和教学质量的提升，培养高素质人才。通过这种从上至下的分层规划，各层次目标相辅相成，形成稳固的学科发展体系，确保资源的合理配置和高效利用，推动学校整体学术水平的持续提升。

图 2-5　一种基于分层建设的学科发展目标

（三）资源配置方法

1. 资源匹配法

根据学科发展目标和战略，合理配置人力、物力、财力等资源（图 2-6），确保资源与目标的匹配和高效利用。

2. 资源整合法

资源整合法是通过梳理和评估学科资源，识别关键共享要素，实现人才共享、平台共享和资金分配的优化配置（图 2-7）。该方法包括跨部门和跨学科的合作，建立共享实验室和数据库，以及优化资金分配、人才共享和知识管理。制定合作机制和共享政策，促进信息交流，提高资源利用效率，避免重复投资。这种策略形成学科发展的合力，推动创新，加速科研成果转化，支持农业高校的可持续发展。

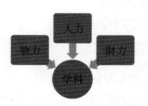

图 2-6　根据学科发展目标和
战略匹配资源

图 2-7　学科资源的有效整合与
优化配置

（四）实施监督方法

1. 项目管理法

运用项目管理原则，将学科建设任务分解为具体项目，并为每个项目设定明确的目标、时间表和责任人。定期召开项目推进会，检查进度，解决遇到的问题，并根据需要调整项目计划。使用项目管理软件工具，实时跟踪项目进展，确保透明度和信息的及时共享（图2-8）。

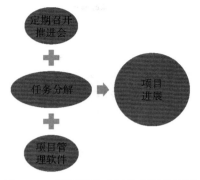

图 2-8　规划学科建设的项目管理法

2. 绩效评估法

建立量化和定性相结合的绩效评估指标体系，包括科研产出、教学质量、社会服务、国际合作等方面（图2-9）。定期进行内部和外部评估，收集多方反馈意见，确保评估的全面性和公正性。根据评估结果进行总结分析，识别实施过程中的不足，并提出具体的改进措施，形成闭环管理。

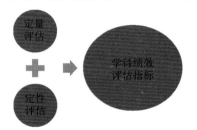

图 2-9　规划学科建设的绩效评估法

三、学科规划的实践案例

（一）东北某农科特色院校学科专业建设"十四五"规划

1. 总体目标（到2025年）

坚持以中国特色、一流学科为目标，以立德树人为根本，以绩效为杠杆，以改革为动力，以服务国家战略和区域经济社会发展为导向，以新农科建设为主线，不断提升人才培养质量和科技创新能力，使若干学科（领域）进入一流行列，高峰学科率先跻身国内前列。构建适应国家和区域经济社会发展需要的以农为主的多科性学科布局，形成优势学科与特色学科相统一、基础学科与应用学科相协调、传统学科与新兴交叉学科相促进，具有较强竞争力和可持续发展能力的学科体系，使"四新"学科专业布局更加合理，结构更加优化，特色更加鲜明。联合建设适应农林新产业新业态发展的涉农学科专业，"双万计划"和专业认证取得新成效，建设一批国家级一流学科、一流专业和一流课程。全面提升学校学科综合实力、国际影响力和核心竞争力。

2. 核心指标

快速提升学科建设水平。在整体推进学科建设的同时，集中优势资源，重点加强优势特色学科建设，取得学科建设新成效。在新一轮学科评估中实现 A 类学科零的突破，在 ESI 评价中取得新进展，显著提升植物与动物科学、农业科学在 ESI 前 1％学科领域的排名，继植物学与动物学学科和农业科学学科之后，力争化学学科和药理学与毒理学学科进入 ESI 全球排名前 1％。坚持学科专业群对接产业链，瞄准粮食安全、黑土地保护与利用、智慧农业、特色资源开发利用、农产品精深加工、生物医药、家政康养等关键领域和产业发展，大力培育新兴交叉学科，建设一批现代产业学院。

全面提升专业建设质量。打破学科专业壁垒，推动交叉融合创新，对传统学科专业体系进行优化升级，新增 2～4 个新农科专业，撤销专业 15 个左右，专业总数稳定在 60 个以内，力争获批国家级一流本科专业建设点 10～12 个，省级一流专业建设点 6～8 个，力争完成 2～3 个国际工程教育专业认证，8～10 个国内农科类专业认证。

（二）河南农业大学学科建设三年行动计划（2018—2020 年）

建立高峰学科、高原学科、培育学科、拓展学科四级学科建设体系。高峰学科（作物学、兽医学）以省优势学科为主体，以冲击国家"双一流"学科为建设目标；高原学科（农业工程、风景园林学、畜牧学、农林经济管理、林学、植物保护、农业资源与环境、园艺学、食品科学与工程、生物学、烟草学）以具有博士学位授权的省特色和省重点学科为主体，以打造骨干学科集群、彰显办学特色为建设目标；培育学科（管理科学与工程、马克思主义理论、生态学、计算机科学与技术、城乡规划学、化学、公共管理）以具有硕士学位授权的省重点学科为主体，以培育新的骨干学科为建设目标；拓展学科（中药学、设计学、机械工程、数学、法学、社会学、电子科学与技术、外国语言文学、体育学）以有潜力的人文社会学科和新兴交叉学科为主体，以拓展学科框架、增强办学活力为建设目标。在全国第五轮学科评估中，力求高峰学科达到 B⁺档，并力争突破 A 类；力求农业工程、风景园林学、畜牧学、农林经济管理、食品科学与工程、林学等高原学科达到 B 类，并力争突破 B⁺档；其他学科争取稳中有升。

1. 师资队伍与学科平台建设

高峰学科和高原学科师资队伍建设重在上层次、补短板，高峰学科四层次

（领军人物、卓越人才、杰出人才、拔尖人才）以上人才不少于 10 人，其中学科方向带头人为"长江学者"、国家杰出青年科学基金获得者、国家优秀青年科学基金项目获得者、"万人计划"等高端人才；高原学科四层次以上人才不少于 5 人。培育学科和拓展学科师资队伍重在扩规模，力求上层次，培育学科专任教师达到 50 人以上，其中五层次（领军人物、卓越人才、杰出人才、拔尖人才、青年英才）① 以上人才不少于 10 人；拓展学科专任教师达到 35 人以上，其中五层次人才不少于 5 人。每个学科凝练学科方向 3～5 个，确保每个方向都有高水平学术带头人。

高峰学科、高原学科和培育学科的专任教师中，具有海外经历人数占比分别达到 35％、25％、15％以上（除马克思主义理论学科外）。拓展学科也要注重具有海外经历教师的培养和引进。

学科团队建设坚持规模与质量并重，其中高峰学科重点建设国家级教学团队、创新团队 1～2 个，省部级教学团队、创新团队建设质量稳步提升；高原学科重点建设省部级以上创新团队、教学团队 1～2 个；其他学科团队建设水平均有显著提高。

高峰学科平台建设重在提升质量，其中作物学学科国家"2011 计划"协同创新中心、国家小麦工程技术研究中心、省部共建小麦玉米作物学国家重点实验室、CIMMYT－中国（河南）小麦玉米联合研究中心等平台建设质量不断提高；兽医学学科在建好动物免疫学国家国际联合研究中心的基础上，至少新增国家级平台 1 个。高原学科重点建设省级以上平台至少 1 个。培育学科和拓展学科均要重点建设一个平台，并有明显进展。

2. 人才培养质量

高峰学科新增主编国家级规划教材 2 门以上；高原学科主编或参编国家级规划教材 1～2 门。培育学科和拓展学科主编或参编省级规划教材。

高峰学科、高原学科新增国家精品在线开放课程、教育部来华留学英语授课品牌课等精品课程 1～2 门；培育学科新增省级精品课程等 1～2 门；拓展学科参与精品课程建设。

高峰学科取得省级教学成果奖一等奖以上教学成果奖励至少 1 项；其他学

---

① 根据《河南农业大学 2020 年引进高层次人才公告》，领军人物是指中国科学院或工程院院士（含外籍）、"国家特支计划"杰出人才；卓越人才是指"长江学者奖励计划"特聘教授、"国家杰出青年科学基金"获得者等同层次人才；杰出人才是指"国家优秀青年科学基金"获得者，"国家特支计划"领军人才（含国家级教学名师）、青年拔尖人才（"青年英才开发计划"），"长江学者奖励计划"青年学者等同层次人才；拔尖人才是指经学校综合考评达到"拔尖人才"层次的优秀博士、博士后，年龄一般不超过 40 周岁；青年英才是指经学校综合考评达到"青年英才"层次的优秀博士、博士后，年龄一般不超过 35 周岁。

科在深化教育教学改革、提高人才培养质量方面均有创新点和亮点。高峰学科培养国家级教学名师实现突破。

高峰学科研究生赴境外学习交流 6 个月以上人数达 30 人以上，招收境外学生来华学习交流 15 人以上；高原学科研究生赴境外学习交流人数达 5 人以上，招收境外学生来华学习交流实现突破。

各学科导师指导学生时间平均每月不少于 12 个小时，学生满意度高；博士、硕士论文抽检合格率达到 100%。

3. 科技研究水平

高峰学科新增国家级和省部级科研项目各 40 项以上；高原学科新增国家级科研项目 10 项以上、省部级科研项目 20 项以上；培育学科新增省部级以上科研项目不少于 20 项；拓展学科新增省部级以上科研项目不少于 10 项。

高峰学科新增国家级科技成果奖 1～2 项，力求在国家技术发明奖一等奖、国家科技进步奖一等奖、国家自然科学奖二等奖实现突破；高原学科新增省级以上科技成果奖 1～2 项；培育学科、拓展学科参与省级以上科技成果奖 1～2 项。

高峰学科 ESI 高被引论文 5 篇以上，已转化或应用专利 6 项以上。

4. 社会服务水平与学科声誉

各学科根据学科专业特点主动对接社会需求开展社会服务活动，着力打造服务社会的特色品牌，增强社会影响力。其中，高峰学科、高原学科打造典型案例 4 个以上；高峰学科受到国家级表彰。

高峰学科每年至少举办或承办一次国际或全国性学术会议，其中三年间举办国际学术会议至少 1 次；高原学科、培育学科三年间举办或承办国际或全国性学术会议 1～2 次；拓展学科也要积极承办各类学术会议。

（三）华中某农科特色院校学科建设"十四五"规划（2021—2025 年）

1. 指导思想

以中国特色世界一流为核心，以立德树人成效为根本标准，坚持"四个面向"，以建设一批国际领先、农业和生命科学优势领域达到国际一流为目标，以推动农业产业发展重大问题和前瞻性技术、核心技术和共性关键技术突破为导向，围绕农业系统价值链、农业产业生态链、农业产品健康链，加快促进交叉融合，拓展优势农科和生命科学领域；以一流学科建设为引领，发挥辐射带动作用，推动人文社会科学、工学、基础理学优化布局，形成特色优势；以体制机制创新为着力点，推进高质量内涵发展，强化绩效导向，全面提升学科水平和质量，为建设特色鲜明世界一流大学奠定坚实基础。

2. 发展目标

2025 年，农业与生命科学等优势领域达到世界一流水平，优势农科和生命科学学科领域进一步拓展，在生物医学与健康、信息科技与智慧农业、生态环境与绿色发展等领域产生若干新兴交叉学科增长点，人文社会科学、工学、基础理科进步显著，学科建设绩效不断提升，高素质创新人才培养能力、世界一流学者汇集力、有国际影响力成果产出能力显著增强，学科国际竞争力显著提升。

2035 年，优势学科国际一流，整体进入世界同类高校先进行列；21 世纪中叶，农业与生命科学领域成为全球引领者，学校拥有一批处于世界一流学科，整体进入世界一流大学行列。

3. 主要指标

（1）一流学科建设。生物学、园艺学、作物学、畜牧学、兽医学、农林经济管理等学科优势领域保持世界一流水平；3～5 个学科进入新一轮一流学科建设行列，学校整体进入国家一流大学建设行列。

（2）学科布局。努力建成环境科学与工程、社会学、林学一级学科博士点，资源与环境、生物与医药、机械博士专业学位类别；材料科学与工程、机械工程、光学工程硕士一级学科点，新闻传播、会计、材料与化工、电子信息、法律硕士专业学位类别。

（3）学科水平。第五轮学科评估中，食品科学与工程、水产、农业资源与环境、植物保护、风景园林学、公共管理、生态学等学科取得明显进步，力争 8 个学科进入前三或前 10%，13 个学科进入前五或前 20%。

（4）交叉学科。生物医学与健康、信息科技与智慧农业、生态环境与绿色发展等新兴交叉学科建设取得新进展，多元化交叉学科研究体系基本形成，交叉科学研究院等交叉学科平台和基地建设全面推进，覆盖全校 90% 以上在建学科。力争建成营养与健康科学一级交叉学科博士点。

（5）学科国际影响力。力争学校 ESI 全球排名 700 位左右；新增材料学、免疫学等 2 个 ESI 前 1% 学科，巩固提升植物学与动物学、农业科学等 ESI 前 1‰学科领域优势地位，ESI 前 1‰学科排名实现新突破。

"十四五"期间，该校学科建设发展规划年度任务如表 2-1 所示。

表 2-1　"十四五"学科建设发展规划年度任务

年度	主要目标任务
2021	积极推进新一轮一流大学建设，新增若干学科进入一流学科建设行列； 积极协助布局国家战略急需"四新"学科专业； 建立以"质量、成效、特色、贡献"为导向、多维度学科建设成效的评价机制； 积极开展学科建设管理与战略研究、第五轮学科评估总结分析
2022	协同推进学科大平台共建共享共治； 推进生态环境与绿色发展新兴交叉学科领域建设取得新进展

（续）

年度	主要目标任务
2023	积极推进材料学科进入 ESI 前 1%； 做好"双一流"中期检查，试点学科建设国际评估
2024	协助推进"一院三地"建设与拓展
2025	积极推进免疫学科进入 ESI 前 1%； 力争建成营养与健康科学一级交叉学科博士点； 全面完成新一轮一流大学建设高校总结，学科国际影响力显著提升

（四）湖南省某农科特色院校"十三五"学科建设发展规划

1. 总体目标

以"特色鲜明、优势突出、生态建设、整体提升"为总体目标，对接国家和湖南省重大发展战略需求，围绕"三农"创新链和产业链的构建和湖南省的地缘优势、资源优势、产业优势及经济社会发展需求，坚持重点突破与整体提升相结合，坚持有所为、有所不为，分层次、分类别配置学科资源，进一步做精做强作物学、园艺学、畜牧学等优势特色学科，促进涉农和非农学科的交叉融合，全面提升学校各学科的整体水平，使学校整体进入湖南省国家高水平大学建设行列，办学水平综合排名进入全国农林院校前十名，全面建成特色鲜明、优势突出的高水平教学研究型大学，为创建国内一流农业大学提供强有力的学科支撑。

2. 具体目标

计划用 5 年的时间，实现以下具体目标。

进一步优化学科布局结构。打造强势农科、优势生科、应用工科和特色文科的学科格局，到 2020 年，实现学科整体水平排名在全国同类高校中名次前移，学校 ESI 整体排名进入前 3 000 位，力争作物学进入世界一流学科建设行列；在教育部学科评估排名中，4 个以上的学科进入全国前 30%，7 个以上的学科进入全国前 50%；2 个以上学科 ESI 排名进入全球前 1%。新增 1 个以上一级博士学位授权点，2 个以上一级硕士学位授权点，2 种以上硕士专业学位授权类别，实现工科一级博士点和管理学一级博士点的突破。

进一步加强学科队伍建设。建设一支规模适度、结构合理、素质精良、充满活力的服务学科需求的学科人才队伍，到 2020 年，新增 5 名以上两院院士、国家千人计划、长江学者、国家杰出青年科学基金或优秀青年科学基金获得者、国家教学名师等国家杰出人才，5 名以上芙蓉学者、省百人计划等省级杰出人才，引进 3 名以上"神农学者"特聘教授，25 名其他岗位科学家，打造10 个在国内有较高学术地位的国家级科技创新团队，培养造就一批具有重要影响力的学术领军人才和中青年学术骨干。

进一步加强学科支撑平台建设。统筹建设一批高水平、多功能、广覆盖的学科创新平台和为经济社会发展与政府决策咨询服务的社科研究基地。到2020年，力争新增1个以上国家重点实验室或国家工程技术研究中心等国家级创新平台，新增3个以上省部级创新平台；建成5个校外现代农业科技试验示范基地；建成50个以上的校外特色产业基地和100个专家服务站；以国家农业农村信息化平台为依托，建成10个优势级特色农产品科技服务网站。

进一步提高学科科技创新能力。到2020年，取得一批具有重大社会影响的学术成果，在新兴产业若干领域占领科技制高点，大力提升学科科技成果转化和社会服务水平。"十三五"期间，新增SCI、EI、ISTP收录论文数2 500篇以上，SSCI、CSSCI收录论文数600篇以上，100项高质量、可转化（让）的发明专利和动植物新品种，300项推广成果和技术，国家优秀教材15部以上，国家级成果奖3项以上，省部级科研成果奖一等奖10项以上，国家自然科学基金项目数不少于250项，国家社科基金项目数60项以上，国家重点研发计划课题60项以上，到校科研经费超过12亿元。

进一步提高人才培养质量。加强和完善"培养过程质量"监控，提高"在校生质量"和"毕业生质量"。到2020年，新增国家级教学成果奖1项、省级教学成果奖一等奖3项，国家级精品课程5门以上，湖南省优秀博士学位论文15篇以上，授予学位率达到95％以上，毕业研究生初次就业率达到90％以上。力争博士毕业生人均发表1篇SCI论文，有IF10.0以上的高水平论文发表。

进一步加强国际交流。加强学科的国际交流与合作、大力推进学科建设国际化。到2020年，具有留学或半年以上国外访问经历教师的比例超过30％，学生出国访学、攻读学位或参加国际学术交流超过200名，留学生总数达到200人，其中学历留学生达到100人，获得留学基金委资助的联合培养项目每年不低于10项。

进一步创新体制机制。到2020年，进一步创新和完善人才引进与考核、科研管理、资源配置和优化使用等体制机制，助力学科建设。

四、本节小结

农科特色院校的学科规划需要遵循科学性、前瞻性、特色性、协调性和可持续性等基本原则，并采用环境分析、目标设定、资源配置和实施监督等方法，确保学科规划的科学合理和高效实施。通过科学的学科规划，农科特色院校可以明确学科的发展方向和重点领域，优化资源配置，提升学科的核心竞争力和影响力，推动学科的可持续发展和创新能力提升。同时，学科规划的实施需要全校上下的共同努力和多方协调，确保学科规划目标的实现，为国家粮食安全和农业现代化提供有力支撑。

第三节 学科设置与调整策略

学科设置与调整是学科建设的重要内容。科学合理的学科设置与调整策略不仅有助于提升学校整体学科实力，还能有效应对国家和社会发展的新需求，实现学科的持续发展和创新。

一、学科设置与调整的必要性

（一）适应社会需求

1. 行业需求

农业科技的快速发展和现代农业的转型升级对高层次农业人才和创新技术提出了新的要求，学科设置需与行业需求紧密结合。

2. 社会服务

农业院校承担着服务"三农"的重要职责，学科设置需与国家粮食安全、生态环境保护和乡村振兴战略相适应。

（二）推动学科交叉

1. 学科融合

现代农业科学呈现出学科交叉融合的趋势，需要通过学科调整促进农学、工学、理学、管理学等多学科的深度融合。

2. 创新驱动

学科交叉有助于激发创新思维，推动学科前沿领域的研究，提升学科的创新能力和竞争力。

（三）提升国际竞争力

1. 国际化发展

学科设置需与国际先进水平接轨，培养具有国际视野和竞争力的农业人才，提升学校的国际影响力和声誉。

2. 科研合作

通过学科调整促进国际科研合作，吸引全球高水平学者，推动学科的国际化发展。

二、学科设置与调整的基本原则

（一）需求导向

1. 国家和社会需求

考虑国家和社会对高层次农业人才的需求，设置培养具有创新能力和实践能力的人才学科。例如，依据国家重点支持的领域和政策文件，如《国家中长期科学和技术发展规划纲要（2006—2020 年）》《全国农业可持续发展规划（2015—2030 年）》等，紧密对接国家农业发展战略，如乡村振兴、粮食安全、生态文明建设等，设置相关学科和研究方向，并调整和优化学科布局。

2. 市场需求

学科设置与调整应以市场需求为导向，紧密结合农业生产实际和行业发展趋势。当前，应根据农业领域的新兴趋势，如智慧农业、绿色农业、农业物联网等，设置相关学科和研究方向，顺应行业发展潮流。

（二）科学规划

1. 整体布局

学科设置需统筹考虑学校整体学科布局，避免重复建设和资源浪费，实现学科的协调发展。

2. 合理定位

根据学校的办学特色和优势，科学定位各学科的发展方向和重点领域，形成错位发展和优势互补。

（三）创新引领

1. 前沿领域

注重前沿领域和新兴学科的设置，推动农业科技的创新发展，抢占学科发展的制高点。

2. 交叉融合

促进学科交叉融合，设立跨学科研究中心和平台，推动学科的创新发展和综合实力提升。

（四）动态调整

1. 及时调整

根据内外部环境的变化和学科发展的实际情况，及时调整学科设置，确保学科的适应性和前瞻性。

2. 常态评估

建立学科评估和反馈机制，定期进行学科评估，发现问题和不足，进行适时调整和优化。

三、学科设置与调整的方法和策略

（一）需求与环境分析

1. 政策分析

深入分析国家和地方的相关政策，了解政策导向和支持重点，确保学科设置与国家战略契合。目前，我国关于博士、硕士学位授权学科和专业学位类别动态调整的相关文件包括《国务院学位委员会博士硕士学位授权审核办法》

（学位〔2017〕9号）、《国务院学位委员会关于修订印发〈博士、硕士学位授权学科和专业学位授权类别动态调整办法〉的通知》（学位〔2020〕29号）和《研究生教育学科专业目录管理办法》（学位〔2022〕15号），《教育部办公厅关于印发〈授予博士、硕士学位和培养研究生的二级学科自主设置实施细则〉的通知》（教研厅〔2010〕1号）和《交叉学科设置与管理办法（试行）》（学位〔2021〕21号）等。此外，还需要查看各学位授予单位及其所在省（自治区、直辖市）学位委员会的相关文件。

2. 市场调研

通过市场调研，了解农业生产和行业发展的实际需求，明确学科设置和调整的方向和重点。

（二）学科评估与诊断

1. 内外部评估

对现有学科进行全面评估，包括师资力量、科研成果、教学质量、社会服务等方面，发现优势和不足。

2. SWOT 分析

对学科进行优势（strengths）、劣势（weaknesses）、机会（opportunities）和威胁（threats）分析，制定调整策略。

（三）学科整合与优化

1. 学科整合

根据评估结果，对学科进行整合和优化，避免学科重复建设和资源浪费，提升学科的综合实力。

2. 平台建设

建设跨学科研究平台和实验室，促进学科交叉融合，提升学科的创新能力和科研水平。

（四）新兴学科与前沿领域设置

1. 前瞻规划

根据农业科技发展的前沿领域和新兴学科，进行前瞻性规划，设立新兴学科和研究方向。

2. 资源保障

对新兴学科和前沿领域进行重点支持，提供充足的科研经费、设备和人才保障，确保其快速发展。

（五）国际化发展

1. 国际合作

通过国际合作项目和联合培养，引进国际高水平学者和团队，提升学科的国际竞争力。

2. 国际标准

对标国际先进水平，制定学科设置和培养方案，培养具有国际竞争力的高层次农业人才。

（六）动态调整机制

1. 定期评估

建立学科评估和反馈机制，定期对学科进行评估，发现问题和不足，进行适时调整。

2. 灵活调整

根据内外部环境的变化和学科发展的实际情况，灵活调整学科设置，确保学科的适应性和前瞻性。

四、本节小结

学科设置与调整是农业院校学科建设的重要内容，科学合理的学科设置与调整策略不仅有助于提升学校整体的学科实力，还能有效应对国家和社会发展的新需求，实现学科的持续发展和创新。通过需求导向、科学规划、创新引领、动态调整等基本原则，以及需求与环境分析、学科评估与诊断、学科整合与优化、新兴学科与前沿领域设置、国际化发展、动态调整机制等方法和策略，农科特色院校可以科学合理地设置和调整学科，提升学科的核心竞争力和影响力，推动学科的可持续发展和创新能力提升，为国家粮食安全和农业现代化提供有力支撑。

第三章 农科特色地方院校学科战略规划案例

在当前建设教育强国和农业强国的背景下,涉农院校作为培养农业相关领域专业人才和推动农业科技创新的关键力量,其重点学科的战略规划和高质量发展具有重要意义。特别是 2019 年,随着教育部启动新农科建设"三部曲"("安吉共识""北大仓行动""北京指南"),涉农院校面临着新的机遇和挑战。首先,涉农院校在农业农村现代化进程中扮演着重要角色。农业是国民经济的基础,而涉农院校则是为农业农村现代化提供专业人才和科技支持的重要基石。农科特色地方院校的重点学科的战略规划和高质量发展,直接关系到农业农村现代化的推进和农业科技创新的能力。其次,农科特色地方院校在区域经济发展中具有重要作用。农科特色地方院校的重点学科,往往与区域农业和乡村发展密切相关。通过科学的学科规划和高质量发展,农科特色地方院校可以为区域经济的升级和农业产业的发展提供强有力的支持。

第一节 影响地方院校学科战略规划的主要因素

从国内外学科发展动态来看,影响地方院校学科战略规划的主要因素包括学科产出价值预期、学科的基础与潜力、学校的实力和资源、地方的需求与特色、国家重大战略需求、世界科技发展前沿6个方面,它们之间相互交织、共同影响着农科特色地方院校重点学科的战略规划(图3-1)。其中,学科的基础与特色、学校的实力和资源为制定战略提供了内在基础,地方的产业与需求、国家重大战略需求、世界科技发展前沿则为战略提供了外部环境和引导方向;学科产出价值预期贯穿其中,既是战略制定的目标,又是战略实施的检验标准。只有充分考虑这6个方面的影响及其逻辑关系,学校才能科学有效地制定出符合实际情况、发展需求和趋势的学科战略规划。

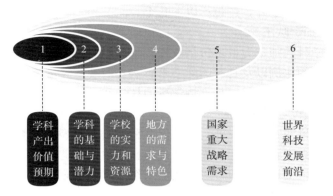

图 3-1　影响地方高校学科战略规划的主要因素

一、学科产出价值预期

评估学科规划对于推动地方经济发展、提升产业产值、解决实际问题、人才培养层次和规模、文化传承与创新等方面的潜在贡献，确保学科产出的社会价值和经济效益。具体来说，学科产出价值预期通常包括以下几个方面的内容。

（一）学术研究成果

评估学科规划的产出价值首先需要考虑学术研究成果，包括发表的论文、教材、著作数量和质量、授权专利（含品种保护权、软件著作权等）及转化应用情况、科研项目、获得奖励情况等。这些成果可以反映学科的学术水平和创新能力，是评估学科产出价值的重要指标。

（二）人才培养情况

学科规划的产出价值还应考虑到人才培养情况，包括学生的学术研究成果、毕业生就业情况、学生科研能力培养情况、学生参与科研项目的情况等。优秀的人才培养是学科发展的重要目标之一，学科的产出价值也应该通过培养高素质人才来体现。

（三）社会影响力

评估学科规划的产出价值还需要考虑学科对社会的影响力，包括学科研究成果对社会发展的贡献、学科服务社会的能力、学科在行业或领域内的影响力等。学科的价值应该能够为社会带来积极的影响和改变。

二、学科的基础与特色

评估学校在现有学科领域的优势特色、研究成果、师资力量、实验设施等基础条件，以及学科发展的潜力和可能性。评估学科的基础与特色，除了上文介绍的学科产出价值之外，还包括以下几个方面。

（一）学科师资队伍

评估学校学科的师资力量，包括教授、副教授等高级职称的比例、专任教师拥有博士学位的比例以及具有国际学术影响力的教师数量等。评估学校是否拥有高水平的学科师资队伍，是支持学科的教学和科研工作的重要方面。

（二）学科建设与实验条件

评估学校学科的实验室设施、科学仪器和科研平台等硬件条件，以及图书馆资源、学科数据库和学术期刊等软件条件。评估学校是否具备良好的学科建设和实验条件，是支持学科的科研和教学工作的重要方面。

（三）学术交流与合作

评估学校学科的学术交流和合作能力，包括与国内外高校和科研机构的合作项目和交流活动等。评估学科在上述三个方面的基础与特色，能够促进学科的影响力、竞争力和健康发展。

三、学校的实力和资源

战略规划应充分考虑学校的总体实力和资源优势。学校在师资力量、科研平台、实验室设备等方面的优势能够为战略规划提供有力支持，同时也要结合学校发展规划和地方资源优势来制定合理的战略规划。农科特色地方院校的实力和资源优势主要包括以下内容。

（一）农业资源优势

这些院校通常位于农业发达地区，周边农业资源丰富，可提供实践教学和科研基地，为农业科学类专业学生提供良好的实践锻炼机会。

（二）产学研结合

与当地农业企业和农民紧密合作，建立良好的产学研合作关系，为学生提供实习、就业和科研合作机会。

（三）地方政府支持

得到地方政府的支持和重视，可以获得更多的资金和政策支持，在师资队伍建设、科研项目扶持等方面具有一定优势。

（四）专业特色突出

注重培养农业相关专业人才，校内有一定的专业特色和优势学科，如农业工程、农业经济管理、农业生态环境等。

（五）区域特色研究

涉及当地农业、林业、畜牧业等特色产业的研究和教学，具有一定的区域特色和优势。

总的来说，农科特色地方院校的实力和资源优势在于其地域优势、与地方产业的结合、地方政府的支持以及专业特色突出等方面。这些优势特色为学校提供了良好的发展基础，也为学生提供了广阔的就业空间。

四、地方的产业与需求

分析地区的主导产业，如果农业是主要产业，则分析其特色作物、养殖业、加工业等，确定地方产业的主要需求和特色，以确保学科规划紧密对接地方产业发展的实际需求。以农业为主导产业的地方，通常具有独特的产业与需求情况。

（一）农业种植业

多数地方的农业主要以粮食作物、经济作物和特色农产品的种植为主，如水稻、小麦、玉米、大豆、棉花、油菜等大宗作物。因此，对于种植技术、种子研发、土壤改良、农药施用等方面人才的需求量较大。

（二）农业养殖业

畜牧业和水产养殖在以农业为主导产业的地方也占据重要地位。肉类、乳制品、禽蛋等农产品的生产与加工是重要环节，因此对于养殖技术、饲料研发、动物健康管理等方面人才的需求量较大。

（三）农产品加工业

这些地方通常会有一定规模的农产品加工企业，如面粉加工厂、果蔬加工厂、畜禽屠宰加工厂等。对于农产品的加工与深加工技术、食品质量安全控制、包装与物流等方面人才的需求量较大。

（四）农业科技创新与研发

为了提高农业产业的效益和竞争力，这些地方对于农业科技创新与研发的需求较为迫切。例如，拥有农业机械化技术、农业信息化技术、农业生态环境保护技术等方面人才。

（五）农村旅游与乡村振兴

近年，乡村振兴战略的实施，促进了农村旅游的发展。这些地方对于乡村旅游规划与开发、农民专业合作社组织与管理、特色农产品销售等方面人才的需求量较大。

（六）农业生态环境保护

随着人们对环境保护的重视，农业生态环境保护也成为重要议题，对于农业非点源污染治理、农田水利建设与管理、土壤保护与修复等方面人才的需求量较大。

综上所述，以农业为主导产业的地方在农业种植业、农业养殖业、农产品加工业、农业科技创新与研发、农村旅游与乡村振兴以及农业生态环境保护等方面具有特色需求。这些需求为相关产业和服务提供了发展机遇，同时也为人才培养和科技创新提供了广阔的空间与挑战。

五、国家重大战略需求

将国家关于产业发展的指导方针和政策作为重要依据，农科特色地方院校要确保学科规划与国家高等教育和农业发展战略相一致，特别是支持农林教育供给侧结构性改革、国家粮食安全、农业农村现代化、乡村振兴、生态文明等关键战略的实现。农科特色地方院校对接国家重大战略需求的主要内容包括如下。

（一）农林教育供给侧结构性改革

优化农林学科专业结构，加速专业的调整、优化、升级与新建，增强学科专业设置的前瞻性、适应性和针对性。为现代农业发展、山水林田湖草沙一体化保护和系统治理提供服务，加强学科交叉融合，支持有条件的院校增设粮食安全、智慧农业、营养与健康、乡村发展、生态文明等重点领域的紧缺专业。促进多功能农业、绿色低碳、森林康养、生态修复、湿地保护、人居环境整治等新产业新业态发展，规划建设一批新兴涉农专业。

（二）粮食安全保障

只有农业强起来，粮食安全有完全保障，我国稳大局、应变局、开新局才有充足底气和战略主动。提高粮食生产能力和保障能力，促进农业结构调整，把保障粮食等重要农产品供给安全作为头等大事，既保数量，又保多样、保质量，以国内稳产保供的确定性来应对外部环境的不确定性，牢牢守住国家粮食安全底线。

（三）农业现代化发展

加快推进农业现代化，推动农业科技创新，强化农业科技和装备支撑，提高农业生产效率和质量，推广适宜的农业生产方式和技术，推进农业全产业链开发。

（四）乡村振兴

坚持农业农村优先发展，促进城乡融合发展，加强农村基础设施建设，推动农村产业发展，改善农民生活条件。

（五）生态文明建设

加强农业生态环境保护，推动绿色农业发展，促进农业可持续发展，实施农田水利和土壤保护工程。

综上所述，国家高等教育和农业发展战略包括多方面内容，旨在推动农业农村现代化、保障粮食安全、实施乡村振兴战略、保护农业生态环境、促进农产品加工与流通等方面的发展，以实现农业可持续发展和农民增收致富。

六、世界科技发展前沿

了解国内外相关学科的科技创新趋势，关注前沿领域的研究热点和发展动态，可以为战略规划提供参考和借鉴。目前，世界农业科技创新呈现出多个重要趋势，包括但不限于以下几点。

（一）数字农业

数字技术在农业领域的应用越来越广泛，包括智能农业、农业大数据分析、物联网技术等，有助于提高生产效率、降低成本、优化农业资源利用。

（二）精准农业

利用遥感技术、GPS定位、无人机等手段，实现对农田的精准监测和管理，根据土壤、作物需求等因素进行精准施肥、灌溉，提高农业生产效益。

（三）基因编辑和生物技术

基因编辑技术的发展为育种提供了新途径，可以加快作物改良进程，培育更具抗病虫害、适应性强的品种，提高产量和质量。

（四）气候智能农业

面对气候变化和极端天气事件频发，气候智能农业技术可以帮助农民更好地适应气候变化，减少损失，保障粮食安全。

（五）农业生态环境保护技术

注重生态环境保护的农业生产方式，如有机农业、生态农业等，通过减少农药化肥使用、保护生态系统平衡，实现可持续发展。

（六）农业机器人和自动化技术

自动化和智能化技术在农业生产中的应用越来越广泛，如农业机器人、智能植保无人机等，提高农业生产效率和标准化水平，减轻劳动强度。

这些趋势共同推动着世界范围内农业科技的不断创新与发展，为解决粮食安全、推动农业农村现代化以及可持续发展提供了重要支持和保障。

第二节 河南科技学院的学科规划背景

一、河南科技学院简介

（一）历史沿革

河南科技学院是一所省属普通本科高校。河南科技学院前身为1939年12月创建的延安自然科学院大学部生物系，后迁至晋冀鲁豫边区重镇长治市办学，历经北方大学农学院、华北大学农学院长治分院、北京农业大学长治分校等发展阶段。新中国成立后迁至河南辉县百泉办学，先后经历平原农学院、百泉农学院、百泉农业专科学校等时期，1987年2月恢复本科办学，改名为河南职业技术师范学院，2004年5月更名为河南科技学院（图3-2）。

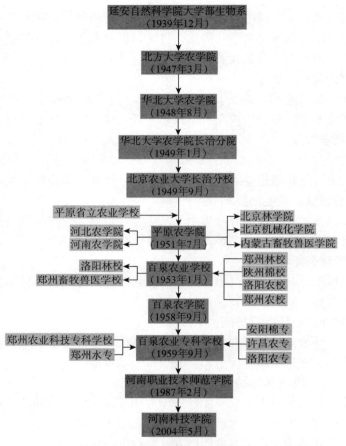

图3-2　河南科技学院的历史沿革

　　建校以来，学校秉承"崇德尚能、知行合一"的校训，围绕"立德树人"根本任务，实施"质量立校、人才强校、科技兴校"战略，在人才培养、科学研究、社会服务以及文化传承与创新等方面取得了突出的办学成绩，为社会培养了13万余名各类高级专业人才。尤其是改革开放以来，学校坚持科学发展，不断突出办学特色和优势，取得了一大批教学、科研成果，其中以国家科技进步奖一等奖为代表的国家科技成果奖10项和国家教学成果奖3项，为国家特别是河南省经济建设和社会发展做出了重要贡献。

（二）学校现状概述

　　学校赓续红色血脉，坚守教育初心，扎根中原沃土，形成了"源于农、兴于农、发展于农、服务于农"的鲜明办学特色。学校地处全国文明城市、国家卫生城市——河南省新乡市，占地面积 2 021 亩①，校舍面积近 79 万米²。建校 80 余年来，学科专业已涵盖农学、工学、理学、管理学、教育学、文学、经济学、法学、艺术学 9 大学科门类，拥有 25 个教学单位，70 个本科专业，全日制普通在校生 2.9 万余人。学校图书馆馆藏图书总量 360 余万册，中外文数据库 56 个。学校建有国家级一流本科专业建设点 4 个，国家级特色专业、综合改革试点专业、卓越职教师资培养计划改革试点专业和卓越农林人才教育培养计划改革试点专业等 15 个，河南省一流专业、特色专业、综合改革试点专业、本科工程教育人才培养模式改革试点专业等 38 个，河南省特色行业学院及产业学院 3 个。学校是河南省博士学位授予重点立项培育单位、河南省特色骨干学科（群）建设院校，作物学学科、园艺学学科群是河南省特色骨干学科（群），高端智能起重装备学科群是河南省特需急需特色骨干学科群，农业科学、植物学与动物学、工程学进入 ESI 全球排名前 1%。有省重点学科 20 个，硕士学位授权一级学科 11 个，硕士专业学位授权类别 17 个。学校是国家"2011"计划协同创新单位，建有国家现代农业科技示范展示基地、国家猪肉加工技术研发专业中心、农业农村部传统特色肉制品加工技术科研试验基地、国家蜂产业技术体系综合试验站、现代生物育种河南省协同创新中心、河南省杂交小麦重点实验室、河南省棉麦分子生态与种质创新重点实验室、河南省国际联合实验室、河南省工程技术研究中心、河南省工程研究中心、河南省企业技术中心、河南省大数据发展创新平台等省部级以上科技创新平台 38 个，河南省科技创新团队、省院校科技创新团队、省院校教学团队、省优秀基层教学组织等 54 个，是教育部确定的首批"全国重点建设职教师资培训基地"、国家级职业教育"双师型"教师培训基地、"国家高职高专师资培训基地"。

（三）学校发展战略与成就

学校全面落实"质量立校"战略，着力培育富有创新精神和实践能力的应用型高级专门人才。以社会需求为导向，不断创新人才培养模式，加快专业、课程和教学团队建设，积极推进以学生为中心、以产出为导向的教育教学改革，人才培养质量稳步提升。2001 年以来获国家级教学成果奖 3 项、省级教学成果奖 66 项，国家级一流课程 4 门，"十四五"省级规划教材 14 门。近三年，学生在"互联网＋"大学生创新创业大赛、全国机器人大赛、全国计算机设计大赛、全国大学生先进成图技术与产品信息建模创新大赛、全国大学生金相技能大赛、全国大学生生命科学竞赛、全国师范生教学技能大赛等比赛中获得国家级以上奖励 660 余项。建校以来，为国家培养了 13 万余名高级专门人才，为河南省乃至全国经济建设和社会发展做出了突出贡献。

---

① 亩为非国际通用的计量单位，1 亩＝1/15 公顷。

学校大力实施"人才强校"战略，拥有一支数量充足、结构合理、素质优良的师资队伍。现有教职工 1 900 余人，其中高级专业技术人员 650 余人，博士学位 630 余人。现有国家有突出贡献中青年科技管理专家、享受国务院政府特殊津贴专家 12 人；全国模范教师、优秀教师 11 人；中原学者 3 人，中原基础研究领军人才、中原科技创新领军人才、中原科技创新青年拔尖人才 10 人，河南省优秀专家、享受河南省政府特殊津贴专家 14 人，河南省高层次人才 B 类、C 类 19 人；河南省教学名师 9 人；河南省模范教师、优秀教师 26 人；河南省学术技术带头人、河南省教育厅学术技术带头人、河南省优秀中青年骨干教师 156 人。聘请 13 名国内外知名专家、学者为兼职教授、客座教授。

学校积极贯彻"科技兴校"战略，持续提升科技创新能力。学校先后完成国际合作项目、国家"863""973"计划、自然科学基金、重大科技攻关、转基因生物重大科技专项支撑计划等科研课题 4 565 项，获科技成果奖 1 889 项，其中国家技术发明奖 3 项、国家科技进步奖 7 项。特别是 2013 年学校主持培育的"矮秆高产多抗广适小麦新品种矮抗 58 选育及应用"项目荣获国家科技进步奖一等奖，为国家粮食生产核心区建设做出了重大贡献，受到河南省人民政府嘉奖，成为全省高校的骄傲。

学校积极开展社会服务，主动融入国家"一带一路"倡议以及河南省"五区一群"重大战略，坚持"产学研"协同发展，突出科技引领，注重产教融合，主动推动学校与行业企业共建人才培养基地、技术创新基地、科技服务基地。2019 年发布的《中国科技成果转化年度报告（高等院校与科研院所篇）》显示，学校技术转让收入在全国高校排名第 47 位。2020 年，小麦品种"百农 207"和"百农 4199"分别位居全国小麦推广面积第一和第三。2023 年，学校入选农业农村部小麦主导品种 2 个、植保类主推技术 1 项，实现主导品种和主推技术双入选的突破。

学校着力推进开放办学，在国际学术交流和人才培养等方面积极开展全方位合作。学校与美国、英国、加拿大、澳大利亚、匈牙利、乌克兰、白俄罗斯、马来西亚等国家的 20 余所高校建立了长期友好合作关系。与乌克兰苏梅国立农业大学合作举办中外合作办学机构——河南科技学院苏梅国际学院；与美国东卡罗来纳大学、马来西亚博特拉大学开展人才培养专项，受到国家留学基金管理委员会专项资助；与美国、匈牙利、乌克兰高校共建 3 个省级国际联合实验室；邀请来自德国、澳大利亚等外籍专家，建有省级杰出外籍科学家实验室；长期聘任美国、德国、澳大利亚院士、会士等外籍专家讲座和授课。

（四）社会评价

学校的办学成就，得到了社会各界的广泛好评。近年，学校先后荣获新中国成立 70 周年河南高等教育十大杰出贡献单位、改革开放 40 周年具有国内影响力河南高校、河南省高等学校基层党组织建设先进单位、河南省文明校园、河南省博士后工作先进单位、河南省教学改革先进单位、河南省科技创新十佳单位、全国大学生社会实践先进单位、全国最佳暑期实践大学、河南省大中专毕业生就业工作先进集体、河南省教师培训先进单位、河南省高等学校数字化校园示范工程学校、河南省新时代依法治校示范校、全省教育外事工作优秀集体等荣誉称号。

展望未来，学校将继续秉承"崇德尚能、知行合一"的校训，发扬"艰苦奋斗、自强不息"的学校精神，集中优势起高峰，调整优化促发展，质量导向抓内涵，深化改革引活力，加快推进教育现代化，为把学校早日建成位居全国同类地方院校前列的高水平大学而努力奋斗（数据截至 2024 年 11 月）!

二、河南科技学院学科特色

粮食安全是国家安全的基础，是生存安全、生命安全和社会稳定的基本保障。河南是人口大省、农业大省和粮食生产大省，是国家粮食核心区，用不足全国 1/16 的耕地生产了 1/10 的粮食、1/4 的小麦，不仅解决了近亿人口的吃饭问题，每年还调出 150 亿千克的原粮及加工制品，为推进国家经济发展、维护粮食安全做出了巨大贡献。

河南科技学院因农而生、缘农而兴，一直是一所以农科为特色优势的本科高校，目前拥有 3 个河南省特色骨干学科（作物学、园艺学学科群、高端智能起重装备学科群）、20 个河南省重点学科（涉及农科、理科、工科、社科）以及多个校级重点学科。其中，有 70 多年发展历史的作物学作为学校目前培育的省级一流创建学科，曾获得国家级科研成果奖励 5 项（其中，学校主持培育的"矮秆高产多抗广适小麦新品种矮抗 58 选育及应用"项目荣获 2013 年国家科技进步奖一等奖），国家级教学成果 3 项，先后培育出小麦、棉花、玉米等作物新品种 80 余个，近十年品种直接转化效益超过 7 500 万元。2018 年，河南省科技学院在全国高校科研院所成果转化直接经济效益排名中位列第 47 位、河南省高校中排名第 1 位。

然而，河南科技学院的学科建设过程中也面临着诸多挑战。首先，学科建设层次和科研水平相对较低，需要加大投入和改善师资队伍。其次，学校在吸引优秀人才方面面临竞争压力和地域限制。此外，学校的特色学科还需要与农业科技创新、产业发展等方面紧密结合，提高学科的成果转化能力、人才培养水平和社会影响力，避免趋同化发展。

因此，以河南科技学院为例，探讨农科特色地方院校重点学科的战略规划和高质量发展，具有重要的研究意义和实践价值。通过深入分析农科特色地方院校重点学科的重要性和面临的挑战，为农科特色地方院校重点学科提供科学合理的战略规划和发展路径建议，推动其高质量发展，为农业农村现代化和农业科技创新做出更大的贡献。

第三节　河南科技学院的学科战略规划

针对农科特色地方院校，根据学科之间的协同关系，参考湖南农业大学"以理学为基础，以农学为主体，以工学和管理学为两翼的多学科交叉融合协调发展的学科体系"，提出"以农科为核心、以理科为基础、以工科为提升、以文科为内涵、以社科为指引、多学科交叉融合"的农科特色地方院校重点学科战略规划思路（图3-3）。

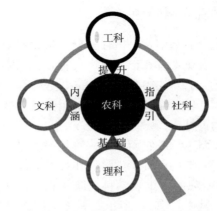

图3-3　农科特色地方院校重点学科的战略规划

1. 以农科为核心

农科作为学校的核心，在学科建设、科研创新、人才培养等方面占据重要地位。这意味着该地方院校的发展将围绕农业学科展开，持续加强包括作物学、园艺学、畜牧学、兽医学、植物保护、食品与营养等农业科学相关学科的建设，并按照新农科的建设要求，扩大相关专业的覆盖范围、提高人才培养质量、提升科技创新能力和社会服务能力，确保教育内容和研究方向与国家农业发展战略以及地方农业发展需求相匹配。

2. 以理科为基础

理科是支撑农科发展的基础，包括数学、物理、化学、生物学、生态学等学科，目前河南科技学院的河南省重点学科包括化学、生物学、系统科学、应用数学4个理学类学科，为农科提供理论和方法支持。理科的基础知识和实验技术可以为农科的研究提供严谨的科学理论和技术支持，只有在基础理科教育上下功夫，才能为农科学生日后的专业学习和科研打下坚实基础。

3. 以工科为提升

工科涉及工程技术领域，包括农业工程、林业工程、食品科学与工程、机械工程等专业，目前学校工科类较强的学科包括入选河南省特色骨干学科的高端智能起重装备学科群，以及入选河南省重点学科的食品科学与工程、机械工程、风景园林学、生物工程、电子信息、材料与化工、资源与环境7个学科。农科特色地方院校通过发展工科，在农科研究中可以应用先进的技术手段，可以提升自身的科技创新能力，提高农业生产的效率和质量，推动农业农村现代化进程。

4. 以文科为内涵

文科是人文学科的简称，包括文学、历史、哲学、新闻传播学、艺术等学科。农业不仅是生产活动，也是人类文化的重要组成部分。中华文化源远流长，蕴含着丰富的哲学思想和人文理念，新农科建设需要注重培养一大批现代农业的"新农人"、乡村振兴的领跑者以及美丽中国的建设者，应该深植"三农"情怀，引导学生将强农兴农视为自己的使命。农科特色院校可以开展农业历史、农业伦理、乡村文化建设、中华优秀传统农业文化研究等学科的建设，探讨农业与人类社会的深层次联系，促进学生对农业的全面理解和人文关怀。在全球化背景下，强化外语学科建设，开展农业国际合作与交流项目，有助于提升学校的国际视野和竞争力。通过与国外农业院校和研究机构的合作，引进先进的农业科技和理念，为学生提供更广阔的学习和研究平台。在课程设置和教学方法上，注重培养学生的文科素养和艺术审美，如批判性思维、沟通能力、创新能力等，这些素养对于学生未来无论是从事农业相关工作还是其他领域的职业都具有重要价值。

5. 以社科为指引

社科是社会科学的简称，包括教育学、社会学、经济学、管理学、政治学、法学、心理学等学科。社科的指引作用在于帮助农科更好地理解社会背景、研究社会需求、推动政策落实等，为农业产业链的发展提供理论指导和决策支持。例如，经济学、管理学等学科对于提高农业经济效益、推动农业农村现代化具有重要作用。通过加强这些学科的建设，可以培养具备良好文科基础和农业知识背景的复合型人才，为农业经济发展和农业企业管理提供智力支持。随着农业法规和政策体系的完善，农业法规、农业政策等学科的发展显得尤为重要，这些学科的建设有助于培养学生的法律意识和政策分析能力，为农业可持续发展提供政策支持和法律保障。此外，结合国家乡村振兴战略，开展乡村治理、乡村教育、乡村发展规划、科技小院等方面的研究和教学活动，这些活动不仅有助于学生理解和参与乡村振兴实践，也能够促进学科之间的交流与融合，提高学校服务社会的能力。随着乡村社会专业化程度的提高，各个领域包括产业、生态、社会治理、教育、医疗、养老以及文化建设都需要具备多方面能力的专业人才，这些人才还应当具备经营管理能力，拥有广泛的知识背景，包括工商、税务、金融等专业领域，能够灵活应对市场需求，有效应对市场竞争和风险挑战。

6. 多学科交叉融合

多学科交叉融合是指不同学科之间的互相融合和合作。通过不同学科之间的交叉合作，可以促进思维的碰撞，培养具有跨学科视野的复合型人才。农业科学本身就是一个多学科交叉融合的领域，既需要理科的支持，也离不开理科、工科、文科、社科等领域的知识。农科特色院校应促进农业科学与其他学科之间的互动与融合，探索建立跨学科的研究平台和学习项目，可以带来以下几方面的学科之间的协同效应：①跨学科创新。不同学科之间的合作与交流能够促进跨学科创新的发生。通过不同学科领域的专家和研究人员之间的合作，可以将不同领域的知识和技术结合起来，创造出更加前沿和具有突破性的研究成果。②知识融合。学科之间的协同作用促进了知识的融合与交叉。不同学科之间的合作可以促使研究人员突破学科之间的界限，吸收和整合多个学科领域的知识，从而形成更为综合和全面的研究成果。③解决复杂问题。许多现实世界中的问题往往是跨学科性质的，需要多个学科领域的知识和方法共同解决。学科之间的协同效应可以帮助研究人员集思广益，从不同角度和专业领域出发，共同解决复杂的跨学科问题。④提升学科产出效能。学科之间的协同效应可以提升学科的产出效能，即在相同资源投入下获得更多的产出。通过学科之间的合作与协同，可以避免重复劳动，提高研究效率，实现资源优化配置，从而提升学科的整体产出价值。总的来说，学科之间的协同效应可以促进学科发展的多样性、综合性和前瞻性，推动科研创新与成果转化，提升学科的整体水平和影响力。因此，鼓励和支持学科之间的合作与交流是推动学术研究和知识创新的重要途径。

第二部分
学科建设

    本部分全面探讨了农科特色院校在学科建设中的基本原则与路径、师资队伍建设、科研平台与创新体系建设、课程体系与教学改革及国际化与合作交流等关键方面。通过明确学科建设的基本原则和核心要素，提出优化学科建设的路径与策略。强调师资队伍建设的重要性，探讨高层次人才的引进与培养和教师考评与激励机制。介绍科研平台建设的意义与策略，学科交叉与科研创新体系，以及科研成果转化与产业化的路径。阐述课程体系优化与创新，教学模式改革与实践，以及教学质量保障体系的建设。最后，探讨学科国际化的发展路径、国际合作项目与资源共享，以及留学生教育与培养的策略，为全面提升农科院校的学科建设水平提供系统的理论和实践指导。

第四章 学科建设的基本原则与路径

第一节 学科建设的基本原则

农科特色院校在学科规划中需要结合农业科技和社会发展的特殊需求，以科学的方法和明确的原则进行规划。在进行学科建设时应该遵循一系列基本原则，以确保学科建设科学、合理、可持续。

一、科学规划原则

科学合理的学科规划是农业院校实现可持续发展的关键。通过全面调研和系统设计，可以确保学科建设的科学性、前瞻性和可操作性，有效提升学校的整体实力和竞争力。

（一）全面调研

全面调研是科学规划学科建设的重要基础。通过深入的学科需求调研和资源评估，可以了解外部环境的需求和学校内部的实际情况，为科学规划提供坚实的依据。

1. 需求调研

进行广泛的需求调研，了解国家政策、社会需求、市场需求和科技前沿，确保规划的科学性和前瞻性。需求调研是学科规划的第一步，通过了解国家政策方向、社会和市场的实际需求以及科技发展的最新动态，可以确保学科规划的准确性和前瞻性，使学科发展符合国家和社会的需要，抓住机遇。

2. 资源评估

评估学校现有的资源和条件，包括师资力量、科研条件、教学设施等，科学规划学科建设的目标和路径。资源评估是学科规划的重要环节，通过全面评估学校的师资力量、科研条件、教学设施等，可以明确学科发展的优势和短板，从而科学制定学科建设的目标和路径，确保规划的可行性和有效性。

（二）系统设计

1. 整体布局

从学校整体发展出发，系统设计学科布局，确保各学科之间的协调发展和合理分布。整体布局是学科规划的关键，通过从学校整体发展出发，科学设计学科的布局，可以确保各学科之间的协调发展和资源的合理分配，避免学科之间的重复建设和资源浪费，促进学校的整体提升。

2. 阶段性目标

制定阶段性目标和任务，明确不同阶段的重点工作和预期成果，逐步推进学科建设。阶段性目标是学科规划的实施保障，通过制定不同阶段的目标和任务，确保学科建设的有序推进，逐步实现学科发展的长远目标。

二、特色发展原则

特色发展是农业院校提升竞争力和社会影响力的重要途径。通过立足区域和形成特色，可以充分发挥学校的优势和特色，打造具有独特竞争力的学科体系，服务地方经济和社会发展需求。

（一）立足区域

区域特色是农业院校学科发展的重要基础。通过立足学校所在区域的经济、社会和农业发展特点，可以设置具有区域特色的学科和方向，满足地方发展的实际需求，培养适应区域发展的高层次人才。

1. 区域特色

立足学校所在区域的经济、社会和农业发展特色，设置具有区域特色的学科和方向，如旱作农业、南方水稻等。区域特色是学科设置的重要参考，通过充分了解和分析学校所在区域的经济、社会和农业发展特点，可以科学设置符合区域需求的学科和方向，提升学科设置的针对性和实际效果，充分发挥学校在区域经济和社会发展中的作用。

2. 服务地方

服务地方经济和社会发展的需求，设置与地方发展密切相关的学科和课程，培养服务地方的高层次人才。服务地方是农业院校的重要使命，通过设置与地方发展密切相关的学科和课程，可以更好地满足地方经济和社会发展的实际需求，培养具有适应性的高层次人才，提升学校的社会服务能力和地方影响力。

（二）形成特色

形成特色是农业院校打造学科品牌和提升核心竞争力的关键。通过充分挖掘和发挥学校的学科优势和特色，鼓励学科交叉融合，可以建设和发展特色学科，培养具有创新能力的高层次人才，提升学校的学科影响力和竞争力。

1. 学科优势

根据学校的学科优势和特色，如植物保护、动物科学等，重点建设和发展特色学科，形成学科品牌。学科优势是学校发展的核心竞争力，通过充分挖掘和发挥学校在某些学科领域的优势和特色，重点建设和发展特色学科，可以形成具有明显竞争力的学科品牌，提升学校的整体学科水平和社会影响力。

2. 交叉融合

鼓励学科交叉融合，设置新兴学科和交叉学科，如农业大数据、农业物联网等，培养创新型人才。交叉融合是学科发展的重要趋势，通过鼓励不同学科之间的交叉融合，设置新兴学科和交叉学科，可以培养具有创新能力的高层次人才，推动学科的发展和创新，提升学校的学科竞争力和创新能力。

三、人才优先原则

人才优先是农业院校实现卓越发展的核心策略。通过加强师资建设和创新学生培养模式，可以提升学校的整体教育质量和科研水平，培养高素质的创新型人才。

（一）师资建设

师资队伍是农业院校发展的核心力量。通过引进高层次人才和加强团队建设，可以提升教师的教学科研能力，构建一支高水平的师资队伍，推动学校的学科建设和整体发展。

1. 引进与培养

通过引进高层次人才和自我培养相结合的方式，加强师资队伍建设，提升教师的教学和科研能力。引进高层次人才可以迅速提升学校的学术水平和科研实力，自我培养则有助于教师的长期发展和学校文化的传承。两者结合，可以确保师资队伍的持续优化和提升，为学校的长远发展提供坚实的人才保障。

2. 团队建设

重点建设高水平的学科团队和科研团队，提升学科整体实力和科研水平。团队建设是提高学科竞争力和科研水平的重要途径，通过组建高水平的学科团队和科研团队，可以充分发挥团队成员的协同作用，提升学科整体实力，促进学术交流与合作，推动科研成果的产出和应用。

（二）学生培养

学生是学校发展的主体，通过多元化的培养模式和创新能力的培养，可以提升学生的综合素质和国际视野，培养适应未来发展的高素质人才。

1. 多元培养

探索多元化的人才培养模式，如本硕博贯通培养（本硕连读、硕博连读、本硕博连读）、校企联合培养、国际合作培养、跨学科培养等，提升学生的综合素质和国际视野。多元化的人才培养模式可以满足不同学生的发展需求，提升他们的综合素质和适应能力，培养具有国际视野和跨学科知识的高层次人才，增强其竞争力和社会适应能力。

2. 创新能力

注重学生创新能力的培养，通过设置创新课程、组织科研训练、开展创新竞赛等，提高学生的创新意识和能力。创新能力是未来人才必备的核心素质，通过系统的创新课程、科研训练和创新竞赛，可以激发学生的创新思维，提升他们的创新能力和实践能力，培养具有创新精神和创新能力的高素质人才。

3. 职业发展

职业发展是学生成长的重要环节，通过多层次的职业规划、就业指导和创业教育，可以帮助学生明确职业目标，提升就业和创业能力，培养具有职业素养和创业精神的高素质人才。设立职业发展中心，提供职业规划、就业指导、实习推荐等服务，帮助学生明确职业目标，提升就业能力；开展创业教育，设置创业课程和创业训练营，鼓励和支持学生创新创业，培养学生的创业精神和创业能力；利用校友资源，建立校友导师制，邀请优秀校友担任学生的职业导师，分享职业经验，提供职业指导和帮助。

四、科研驱动原则

科研驱动是农业院校提升学科水平和社会影响力的重要战略。通过建设高水平科研平台和实施重大科研项目，可以推动学科前沿研究，解决农业生产中的关键问题，促进学校的全面发展。

（一）科研平台

1. 高水平科研平台

建设高水平的科研平台和基地，如国家级或省部级重点实验室、工程技术研究中心等，提升学科的科研实力。高水平科研平台的建设是学科发展的核心支撑，通过建设重点实验室、工程技术研究中心等高水平科研平台，可以汇聚优秀科研人才和资源，提升学科的科研实力和创新能力，推动重大科研成果的产出和应用，增强学科的学术影响力和社会贡献。

2. 资源共享

推动科研资源的共享和开放，促进跨学科、跨领域的科研合作和交流。科研资源共享是提升科研效率和创新能力的重要途径，通过推动科研资源的开放和共享，可以促进不同学科和领域之间的科研合作和交流，提升科研资源的利用率，推动跨学科、跨领域的协同创新，促进科研成果的快速转化和应用。

（二）科研项目

重大和基础研究项目是推动学科发展的重要动力。通过积极申报和实施重大科研项目和基础研究，可以解决农业生产中的重大问题，推动学科前沿研究，提高学科的学术影响力和国际竞争力。

1. 重大项目

积极申报国家和省部级重大科研项目，加强与行业企业的合作，解决农业生产中的重大问题和关键技术。重大科研项目是学科发展和社会服务的重要抓手，通过积极申报和实施国家和省部级重大科研项目，可以获得更多的科研资助和支持，汇聚优秀科研团队，解决农业生产中的重大问题和关键技术，提升学科的科研实力和社会影响力。

2. 基础研究

重视基础研究和原始创新，推动学科前沿研究，提高学科的学术影响力和国际竞争力。基础研究是学科发展的源泉和动力，通过重视基础研究和原始创新，可以推动学科前沿研究，探索新的科学理论和技术路径，提升学科的学术水平和国际竞争力，促进学科的持续创新和发展。

五、国际化原则

国际化是农业院校提升学科水平和国际影响力的重要战略。通过加强国际合作和制定国际标准，可以提升学校的教育质量和科研水平，培养具有国际视野和竞争力的高层次人才。

（一）国际合作

1. 合作办学

与国际知名农业院校和科研机构开展合作办学和联合培养，提升学科的国际化水平。合作办学是提升学校国际化水平的重要途径，通过与国际知名农业院校和科研机构的合作，可以引入先进的教育理念和教学模式，联合培养高层次人才，提升学科的国际影响力和竞争力，促进学校的国际化发展。

2. 学术交流

鼓励教师和学生参加国际学术交流与合作，邀请国际知名学者来校讲学和合作，提升学科的国际影响力。学术交流是推动学科进步和创新的重要手段，通过鼓励教师和学生参加国际学术交流与合作，可以开阔他们的视野，提升学术水平和创新能力；邀请国际知名学者来校讲学，可以促进学术交流与合作，提升学科的国际影响力和知名度。

（二）国际标准

制定和实施国际标准是提升教育质量和培养国际化人才的关键。通过借鉴国际先进的课程设置和教学模式，推动双语教学和全英文课程建设，可以提升学生的国际竞争力和跨文化能力。

1. 课程设置

借鉴国际先进的课程设置和教学模式，设置符合国际标准的课程和项目，提升学生的国际竞争力。国际标准课程设置是提升教育质量和国际化水平的重要保障，可以提升学生的知识水平和综合素质，增强他们的国际竞争力和适应能力。

2. 双语教学

推动双语教学和全英文课程建设，培养具有国际视野和跨文化能力的高层次人才。双语教学和全英文课程是培养国际化人才的重要手段，通过推动双语教学和全英文课程建设，可以提升学生的外语水平和跨文化能力，培养具有国际视野和跨文化交流能力的高层次人才，满足国际化发展的需求，提升学校的国际化水平和影响力。

六、持续改进原则

持续改进是农业院校实现学科建设长期发展和提升质量的重要原则。通过建立科学的评估体系和健全的反馈机制，及时应对变化和不断改进，可以确保学科建设的前瞻性和可持续性。

（一）评估与反馈

科学的评估和高效的反馈机制是持续改进的基础。通过定期评估和及时反馈，可以发现学科建设中的问题和不足，及时进行调整和改进，确保学科建设的科学性和有效性。

1. 定期评估

建立科学合理的学科建设评估体系，定期对学科建设的进展和效果进行评估，发现问题和不足。定期评估是确保学科建设质量的重要手段，通过建立科学合理的评估体系，可以全面评估学科建设的各个方面及各个阶段，发现存在的问题和不足，提供改进的依据和方向，确保学科建设的科学性和有效性。

2. 反馈机制

建立健全的反馈机制，广泛听取师生和社会各界的意见和建议，依据反馈信息进行改进和调整。反馈机制是持续改进的重要途径，通过建立健全的反馈机制，可以及时了解学科建设中的问题和需求，依据反馈信息进行改进和调整，提升学科建设的科学性和适应性，满足多方需求和期望。

（二）动态调整

动态调整是学科建设适应外部环境变化和保持前瞻性的重要策略。通过及时应对国家政策、社会需求和科技发展的变化，持续改进学科建设工作，可以确保学科建设的灵活性和可持续发展。

1. 应对变化

根据国家政策、社会需求和科技发展的变化，及时调整学科建设的目标和措施，保持学科的前瞻性和灵活性。应对变化是学科建设保持前瞻性和灵活性的重要策略，可以迅速调整学科建设的目标和措施，确保学科建设与时俱进，紧跟时代发展，充分发挥学科的优势和潜力，保持学科建设的前瞻性和灵活性。

2. 持续改进

通过不断的评估和反馈，持续改进学科建设工作，形成良性的学科发展机制，确保学科建设的可持续发展。持续改进是学科建设实现可持续发展的关键手段，可以持续发现和解决学科建设中的问题和不足，形成良性的学科发展机制，确保学科建设的科学性、有效性和可持续性，推动学科建设的长远发展。

七、本节小结

通过遵循上述基本原则，农业院校能够科学规划和实施学科建设，提升学科的整体实力和竞争力，为国家和社会培养更多高层次、创新型、应用型农业人才，推动学校的持续发展和进步。

第二节　学科建设的核心要素

学科建设是农业院校提高办学质量和水平的重要途径，是提升农业院校核心竞争力的关键环节。学科建设涉及多个方面，需要统筹考虑和科学规划。

一、学科方向与定位

（一）明确学科方向

1. 符合国家战略

学科方向应紧密对接国家农业发展战略和政策，如粮食安全、乡村振兴、农业现代化、生态农业等。

2. 突出区域特色

利用学校所在区域的自然条件和经济特点，设置具有区域特色的学科发展方向，如特色作物研究、区域生态系统管理、区域品牌建设等。

（二）科学定位

1. 学科前沿

瞄准学科前沿和科技热点，设置前沿研究方向，如精准农业、智能农机、农业生物技术、农业环境保护等。

2. 社会需求

根据社会和市场需求，科学定位学科的应用方向，如农业技术推广、农产品加工、农业经济管理、农村社会治理等，培养应用型人才。

二、师资队伍建设

（一）高水平师资

1. 人才引进

通过多种途径引进高层次人才，包括海外引智、柔性引进、校企合作等，充实师资队伍，提升学科的教学和科研能力。同时，建立有效的人才激励机制，吸引和留住优秀人才。

2. 内部培养

加强现有教师特别是青年教师的培养和发展，通过进修、培训、申报项目、学术交流、指导研究生等方式提升教师的教学和科研能力。

（二）团队建设

1. 学科团队

建设高水平的学科团队，形成团队优势，提升学科整体实力和竞争力。注重青年教师的培养，形成合理的学术梯队，保证学科的持续发展。

2. 跨学科合作

鼓励跨学科合作，如开展农业科学与信息技术、环境科学、工程技术等学科的交叉研究，建设跨学科、跨领域的科研团队，推动学科交叉融合和创新，形成综合性、创新性的学科体系。

三、科研平台与项目

（一）科研平台建设

1. 科研平台和基地

建设和完善高水平的科研平台和基地，如国家级、省部级、市厅级、校级的各类重点实验室、国际联合实验室、工程技术研究中心等，提供强有力的科研支撑。

2. 资源共享

推动科研资源的共享和开放，促进校内外、国内外的科研合作和资源整合。

（二）纵向与横向科研项目

1. 项目申报

积极申报国家级、省部级、市厅级、校级的各类纵向科研项目，同时积极与科研单位、兄弟院校等单位加强横向合作，争取更多的科研经费和支持。

2. 产学研合作

加强与行业企业的合作，开展联合研发和技术攻关，解决农业生产中的实际问题和技术难题。

四、人才培养体系

（一）多层次培养

1. 本硕博贯通

构建形式多样的本、硕、博贯通的人才培养体系，如本硕连读、硕博连读、本硕博连读、本博连读，培养高层次的创新型人才。

2. 多元化模式

探索多元化的人才培养模式，如校企合作培养、国际联合培养、跨学科培养等，提升学生的综合素质和国际视野。

（二）创新教育

1. 科研创新计划

实施研究生科研创新计划，将科研训练贯穿于人才培养全过程，鼓励学生参与导师的科研项目，提高科研素养和创新能力。

2. 学科竞赛

组织和引导学生参加各类学科竞赛，如全国大学生创新创业大赛、"挑战杯"中国大学生创业计划竞赛、学术论文竞赛等，培养学生的竞争意识和团队合作精神。

3. 学科实践

加强实践教学环节，建设校内外实习基地、实验室和科研平台，提高学生的实践能力和动手能力。

五、国际化水平

（一）国际合作与交流

1. 国际合作办学

与国际知名农业院校和科研机构开展合作办学和联合培养，提升学科的国际化水平。与国际知名农业院校和科研机构合作开设联合培养项目，如双学位项目、交换生项目、联合博士培养项目等，打造高水平国际化人才培养平台；建立国际联合实验室，与世界一流农业院校和研究机构合作，共同开展前沿科学研究和技术开发，提升学科的国际化水平；签订多方位的国际合作协议，涵盖教学、科研、学生交流等各个方面，推动形成全方位、多层次的国际合作网络。

2. 国际学术交流

积极承办和参与国际学术会议，邀请国际知名专家学者参与，搭建高水平的国际学术交流平台；通过国际交流项目，推动教师和学生参加国际学术交流与合作；鼓励教师和学生在国际知名期刊上发表高水平的学术论文，提升学科的学术水平和知名度；邀请国际知名学者来校讲学，提升学科的国际影响力；选派优秀教师赴国际知名高校和科研机构进修、访学，提升教师的国际化教学和科研能力。

（二）国际化课程

1. 课程设置

借鉴国际先进的课程设置和教学模式，开设符合国际标准的课程和项目，涵盖基础课程、专业课程和选修课程，提升学生的国际竞争力；设置跨学科、跨领域的国际化课程，如全球农业政策、国际农业贸易、国际环境保护等，培养具有跨学科背景和综合素质的国际化人才；推动课程的国际认证，获得国际知名认证机构的认可，提升课程的国际化水平和吸引力。

2. 双语教学

推动双语课程和全英文课程的建设，逐步实现主要专业课程的双语教学，培养学生的英语应用能力和国际化思维；引进和编写符合国际标准的双语教材、教学资源，提升课程的国际化水平和教学质量；开展双语教学能力培训，提高教师的双语教学水平，鼓励教师使用英文或双语授课，营造国际化教学环境。

六、学科文化与氛围

（一）学术氛围

1. 学术活动

通过举办学术讲座、研讨会、学术沙龙、学术论坛等多种形式的学术活动，为师生提供更多的交流和学习机会，营造浓厚的学术氛围；邀请国内外知名学者、专家来校讲学，分享最新科研成果和学术前沿动态，激发师生的学术兴趣和科研热情；开展"学术月"活动，每年定期集中开展高水平的学术报告、学术交流和科研展示活动，提升师生的学术热情和参与度。

2. 学术交流

鼓励师生积极参加国内外学术会议、交流访问和合作研究，拓宽学术视野，推动学术思想的碰撞和融合；鼓励学科之间的交叉与合作，推动多学科、多领域的学术交流和研究，促进学科交叉融合，提升研究水平；建立校内外学术交流平台，如在线学术论坛、科研合作网络等，促进师生之间、学校之间的学术交流与合作。

（二）创新文化

1. 创新环境

营造自由开放的创新环境，鼓励大胆探索和创新，为师生提供创新的空间和平台；设立创新基金，鼓励和支持师生开展创新项目和科研探索，为创新研究提供资金保障和政策支持。

2. 激励机制

建立科学合理的激励机制，设立创新奖项，如"年度创新奖""最佳科研成果奖"等，对在学术研究、科技创新、成果转化等方面取得突出成绩的师生进行奖励和表彰，激发创新活力。

七、资源保障与管理

（一）资源配置

1. 经费保障

通过政府支持、企业合作、社会捐赠等多种途径筹集学科建设经费，加强学科建设经费的投入和保障，确保学科建设的各项工作有充足的资金支持。同时，建立科学的经费管理机制，合理使用学科建设经费，提高资金的使用效益。

2. 设施设备

建设和完善教学科研设施和设备，提高实验室、图书馆等资源的使用效率和服务水平。

（二）学科管理机制

1. 科学管理

制定和完善学科建设管理制度，形成规范化、标准化的管理体系，确保学科建设工作的科学性和有序性。

建立科学合理的学科建设组织架构，包括校级学术委员会、院级学术委员会等，明确校领导对学科建设的总体责任，设立学科建设领导小组，负责学科建设的总体规划和决策；明确各职能部门在学科建设中的具体职责，加强部门之间的协作与配合，形成合力，共同推进学科建设；明确各学院、各学科带头人的责任，落实学科建设目标和任务，确保责任到人，任务到岗。

制定详细的学科建设工作流程，明确各阶段的工作任务和责任主体，确保学科建设工作按计划进行。

2. 过程监控

加强对学科建设过程的监控，及时发现并解决问题，确保学科建设的顺利实施；采用多种评估方法，如自评、专家评审、第三方评估等，确保评估的客观性和科学性；根据评估结果和实际情况，及时调整和优化学科建设方案和计划，确保学科建设的灵活性和适应性；建立学科建设信息公开制度，定期公布学科建设的进展情况、评估结果和改进措施，接受师生和社会的监督。

八、社会服务与产学研合作

（一）社会服务

1. 技术推广

组织技术推广活动，如技术讲座、技术展示会、现场演示等，加强与农业生产一线的联系，推动先进技术的应用和普及；建立技术咨询服务平台，提供科技咨询、技术指导和解决方案，帮助农业企业和农民解决生产中的技术难题，提高生产效益。

2. 社会培训

开设多层次、多领域的社会培训课程，包括农业技术培训、管理培训、职业技能培训等，提升社会服务能力；设立继续教育学院，开展继续教育和职业培训，为社会各界提供终身学习和技能提升的机会，扩大社会影响力；建立校内外培训基地，结合实际需求，开展面对面的实地培训和远程教育，提升培训效果。

3. 科普宣传

组织科普宣传活动，如科普讲座、科普展览、科普下乡等，普及农业科技知识，提高公众的科技素养。同时，建立农业科技科普平台，通过网站、微信公众号、电视、广播等多种渠道传播农业科技信息，增强社会服务能力。

（二）产学研合作

1. 合作项目

与企业、政府和科研机构开展合作研究和技术开发，推动产学研合作，促进科技成果的转化和应用。

2. 协同创新

成立产学研协同创新联盟，整合校内外、国内外的科研资源和创新力量，共同开展技术创新和产业化应用研究；建立技术转移中心，推动科研成果的市场化和产业化，加强与企业的技术对接，提升学科的产业化能力和社会效益；设立科技企业孵化器，扶持科技型中小企业的发展，推动学科研究成果的商业化应用，促进区域经济发展。

九、本节小结

学科建设是一个系统工程，涉及学科方向与定位、师资队伍建设、科研平台与项目、人才培养体系、国际化水平、学科文化与氛围、资源保障与管理以及社会服务与产学研合作等多个方面。通过科学的规划和有效的实施，农业院校可以提升学科的核心竞争力和社会影响力，为国家和社会培养更多高素质人才，提供更强有力的科技支撑和智力支持。

第三节 学科建设的路径与策略

学科建设是农业院校提升办学水平和核心竞争力的重要一环，是实现高质量教育目标的关键。为了确保学科建设的有效推进，需要明确路径和制定科学的策略。

一、学科建设路径

（一）系统规划路径

1. 总体规划

制定学校的整体学科发展规划，明确学科发展方向和重点，形成系统性的学科建设蓝图。可以从以下两个方面考虑：①学科定位与特色化发展。根据国家战略需求和社会发展趋势，结合学校自身优势，明确学科的定位和特色发展方向。要着眼于未来农业发展的核心领域，如智慧农业、绿色农业、食品安全等，形成与其他院校学科差异化发展的特色。②制定学科发展战略。制定长期与短期相结合的学科发展战略，将学科建设与国家和地方的发展需求紧密结合，形成"服务国家、立足本土、面向全球"的发展思路。

2. 分阶段实施

细化学科建设的阶段性目标和任务，分阶段实施，确保学科建设的有序推进。可以从以下两个方面着手：①阶段性成果考核机制。每个阶段设立具体的考核指标，如科研成果产出、人才培养质量、学术交流活跃度等，并定期进行评估，以此为依据调整规划。②动态调整机制。根据学科建设过程中的实际进展，结合内外部环境变化，及时调整规划与实施策略，确保学科建设的灵活性和可持续性。

3. 多层次学科体系规划

多层次建设学科是为了优化资源配置，推动各层次学科协调发展，并最终提升学校整体学术水平和竞争力。例如，按"双一流"学科、省级一流学科、省级特色骨干学科、省级重点学科、校级重点学科等层次开展学科建设。此外，还可以从以下两个方面着手：①主干学科与新兴学科联动。在重点发展的主干学科基础上，支持新兴学科的发展，形成学科群联动的局面。例如，在传统农业学科的基础上，积极发展与数字农业、环境科学、食品科学等相关的新兴学科。②纵向与横向拓展。不仅要推动学科纵向深入研究，也要通过横向交叉融合，拓展学科应用领域。通过多学科交叉形成创新增长点，进一步推动学科的内涵式发展。

（二）资源整合路径

1. 内部资源整合

整合校内的各类资源，包括人力资源、科研设备、教学设施等，形成资源的集约化使用。可以从以下三个方面着手：①跨部门协同机制。加强校内不同学院、研究机构的协同合作，打破行政壁垒，实现资源的共享与优化配置。例如，农学院、信息工程学院、机电学院之间的合作能够推动智慧农业的学科发展。②学科共享平台建设。建立校内的科研设备共享平台，减少重复投资，提升科研设备的使用效率。通过统一管理和开放共享，充分发挥资源效益。③人才资源整合。整合校内学术人才，鼓励多学科教师共同参与跨学科项目或学科群建设，通过团队合作提高学科的科研产出和影响力。

2. 外部资源引入

积极争取政府、企业、社会等各方面的支持，引入外部资源，提升学科建设的保障能力。可以从以下四个方面着手：①政府政策支持。积极申报国家和地方政府的科研项目，争取政策、资金和项目的支持，借助政府力量推动学科建设。同时，农业院校可以通过参与政策咨询，建立农业政策研究智库，为地方和国家的农业政策制定提供决策支持。这种智库建设不仅可以增加学科在政府决策中的话语权，还可以获得政策性资金支持。②校企合作平台。搭建长期稳定的校企合作平台，吸引企业资金和技术支持。通过与农业龙头企业、技术公司等外部力量的合作，构建产学研融合的科技创新体系。③争取社会捐赠和投资支持。利用社会特别是校友的捐赠资金支持学科建设，如资助科研项目、奖学金、实验室建设等。这种方式不仅能够增加学科的资金来源，也能通过捐赠者的社会影响力扩大学科的知名度和影响力。此外，与社会资本合作，设立农业技术产业化基金，通过基金支持科技成果的商业化转化。这种基金模式能够有效推动学科的科技成果向市场转化，形成产学研一体化的良性循环。例如，农业院校可以与风险投资公司、农业龙头企业合作，设立专项基金，支持高潜力项目的产业化。④国际人才引进。引进国外高端学术人才和科研团队，利用其国际资源和技术，提升学科建设的国际化水平和科研创新能力。

（三）国际合作路径

1. 国际交流与合作

通过国际合作与交流，借鉴国外先进的学科建设经验，提升学科的国际化水平。可以从以下四个方面着手：①师生国际化交流计划。通过交换项目、短期访学、联合培养等形式，加强教师和学生的国际化培养。定期选派优秀教师和学生到国际顶尖农业大学进行学术交流，学习先进经验。②建立联合实验室和研究中心。与国外知名高校和科研机构联合建立国际研究中心或实验室，集中资源开展全球农业领域的前沿研究，如粮食安全、气候变化与农业、精准农业技术等。③国际会议与论坛。定期举办国际学术会议和高峰论坛，邀请全球顶尖的农业科学家与学者参加，形成具有国际影响力的学术平台，提升学科的国际话语权和影响力。④加入国际学术组织。积极加入国际农业领域的学术组织，如国际农业研究磋商组织（CGIAR）等，参与全球学术标准和政策的制定，提高学校在国际学术领域的地位。

2. 双边协同建设

与国际知名高校和科研机构建立合作关系，开展联合研究和人才培养，共同推进学科建设。可以从以下两个方面着手：①联合研究项目。设立跨国合作的研究项目，与国际顶尖学者共同解决农业领域的全球性问题。通过联合申请国际科研基金、开发新技术和推广成果，增强国际科研合作的深度和广度。②双学位与联合培养项目。与国外农业院校开设双学位或联合培养项目，允许学生在双方学校完成学业，获取双重学术认证。这不仅能够提升人才的国际化背景，还能够促进国际的学术交流与合作。

(四) 产学研结合路径

1. 产学研合作

与企业和科研机构开展合作研究和技术开发，推动学科研究成果的产业化和应用。可以从以下两个方面着手：①科技成果转化机制。建立健全科技成果转化机制，支持教师和科研团队将科研成果迅速产业化，推动农业技术的推广和应用。通过建立农业科技园区或孵化基地，加速科技成果的落地转化。②产学研合作基地建设。与农业企业和研究机构共同建设产学研合作基地，开展农业新品种选育、智能化农业装备研发等项目，促进科研成果的市场化应用。

2. 协同创新

通过产学研协同创新，提升学科的科技创新能力和社会服务水平。可以从以下两个方面着手：①创新联合体建设。与地方政府、企业、科研院所联合组建农业创新联合体，如建立农业科技园区、孵化基地等，形成多方协同创新的模式，围绕农业科技前沿问题共同攻关，提升创新成果的质量和效益。②农业产业链融合创新。通过科技创新与企业合作，打通农业生产、加工、销售全链条，推动传统农业向现代农业转型升级。加强与农业技术服务企业的合作，实现从种植到市场销售的全程技术服务。

3. 产学研人才培养

产学研结合是推动科技成果转化和应用的重要方式，同时有助于研究生掌握实际操作技能和创新能力，提高就业率。可以从以下两个方面着手：①订单式人才培养模式。与企业合作，开展"订单式"人才培养，根据企业需求定向培养高水平农业技术和管理人才。这种模式不仅满足企业对专业人才的需求，而且能够促进学生实践能力的提升。②企业导师制度。引入企业高层管理人员和技术专家作为专业型硕士研究生的兼职行业导师，为学生提供实际行业案例和经验指导，增强学生对农业产业链的理解与适应能力。

（五）对标对表路径

1. 对标路径

对标路径是指通过比较和学习国内外学科建设先进单位（高校和科研机构）的成功经验，找出自身的差距和不足，并制定相应的改进措施。对标路径包括以下三个方面：①选择对标对象，即选择那些在学科建设方面表现突出、具有代表性的高校或科研机构。②从学科布局、师资力量、科研成果、教学质量等方面进行对比分析，通过对比发现自身的优势和劣势，找出需要改进的具体方面。③针对对比分析发现的问题，制定具体的改进措施。

2. 对表路径

对表路径是指将自身的学科建设目标与国家或地方的战略规划、政策要求进行对照，确保学科建设的方向和内容符合国家和地方的总体发展目标。对表路径包括三个步骤：①找准对表标准。根据国家和地方的战略规划、政策要求，制定学科建设的对表标准。例如，国家、地方和学校未来的发展规划，《新增博士硕士学位授权审核申请基本条件》等，可以作为学科建设的对表依据。②进行对表评估。定期进行对表评估，检查学科建设的进展情况，确保学科建设的方向和内容符合国家和地方的总体发展目标。对表评估可以通过内外部评估、专家评审等方式进行。③调整建设方案。根据对表评估的结果，及时调整学科建设方案，确保学科建设的科学性和合理性。例如，若发现某一学科的发展方向与国家要求标准不符，应及时调整学科建设的重点和资源配置。

二、学科建设策略

（一）科学规划与顶层设计

1. 战略规划

制定学校的学科发展战略规划，明确学科建设的总体目标和具体任务。可以从以下两个方面考虑：①远近结合的目标设定。制定学校的学科发展战略时，应当明确短期、中期和长期目标。例如，短期内关注基础设施和资源的优化配置，中期内集中力量培育具有核心竞争力的学科，长期目标是成为国家级甚至国际级的农业科研中心。所有目标要与国家政策导向、区域经济发展需求和国际农业发展趋势相结合。②多层次规划。战略规划不仅要涵盖全校层面，还要分学科、分层次进行，确保重点学科、特色学科和交叉学科的协调发展。设定不同学科的关键指标，如科研成果、人才培养、社会影响等，并进行定期调整和优化。

2. 顶层设计

进行科学的顶层设计，统筹考虑学科建设的各个方面，形成系统性和协调性的学科建设方案。可以从以下三个方面考虑：①资源配置优化。顶层设计应包括对校内外资源的统筹管理和优化配置，确保不同学科之间的资源分配公平合理。建立资源共享机制，特别是在实验室、科研平台、资金等方面，避免重复建设和资源浪费。②多方参与的设计流程。在顶层设计中，应该充分听取各个层次的意见，包括教师、学生、企业和政府部门的意见，确保学科建设与社会、产业的需求相结合。③建设蓝图与动态调整。顶层设计需涵盖高校中长期的发展蓝图，并随着内外部环境变化（如政策调整、科技进步）进行动态调整，以保持学科建设的灵活性和前瞻性。

（二）优势学科与特色学科建设

1. 优势学科培育

集中资源支持具有优势和潜力的学科，形成一批具有国际竞争力的优势学科。可以从以下两个方面考虑：①优质资源集成。为优势学科集中配置资金、人才和科研条件，并通过国家、省市重点实验室、工程中心的设立来提升学科科研实力。引入国家重大科研项目和国际合作项目，进一步提升优势学科的国际竞争力。②"双一流"对标发展。对于已具备潜力的学科，积极申报国家"双一流"学科计划，设定与国内外一流学科对标的建设标准，重点扶持具有全球农业发展影响力的科研领域。

2. 特色学科打造

结合学校的办学特色和区域经济社会发展的需求，打造具有特色和竞争力的学科，形成学科品牌。可以从以下两个方面考虑：①本土化与国际化相结合。结合区域经济发展特点，打造符合本地需求的特色学科，如精准农业、绿色农业等。同时，通过国际合作提升特色学科的国际化水平，吸收国外先进经验，形成国际竞争力。②"特色＋应用"模式。特色学科不仅要具备理论研究的创新性，还应具备高度的应用性。通过将科研成果转化为可推广的农业技术与模式，服务地方产业，形成学校的学科品牌和社会影响力。

（三）学科交叉与融合

1. 交叉学科设置

设立和发展交叉学科，促进不同学科之间的交叉和融合，形成综合性、创新性的学科体系。可以从以下两个方面考虑：①跨学科科研项目。设立专项资金支持跨学科科研项目，鼓励不同学科教师共同申请项目，促进科研成果在不同领域的应用。例如，农业与信息技术、环境科学、经济管理等学科的融合，推动智慧农业、气候适应型农业的发展。②交叉学科课程设计。在课程体系中设置跨学科课程，为学生提供更多元化的知识储备和技能训练，培养复合型人才。通过交叉学科的实践项目和实验课程，提升学生的创新能力。

2. 学科联盟

组建学科联盟，通过学科之间的合作与交流，推动学科的交叉融合和共同发展。可以从以下两个方面着手：①校内外学科联盟。不仅校内不同学科应形成联盟，还应与其他院校、科研院所和企业形成学科联盟，联合开展研究生培养和科研攻关。通过资源互补和学术交流，推动科技创新和学科交叉融合。②国际学科联盟。参与或组建国际学科联盟，与全球顶尖的农业院校和科研机构合作，推进全球化人才培养和科研项目，开阔学生的国际化视野，培养其合作能力。

（四）高水平师资队伍建设

1. 人才引进

通过多种途径引进高水平学术人才，包括国际知名学者和年轻学术人才，提升师资队伍的整体水平。可以从以下两个方面着手：①"全球英才计划"。通过设立全球招聘机制，引进世界级专家学者和领军人才，同时设立高水平国际讲座教授席位，以吸引全球优秀的农业科学家到校访问。②柔性引进机制。除了全职引进外，可以采用兼职、项目制合作、短期聘任等灵活方式引进国际顶尖人才，形成长期有效的合作网络。

2. 人才培养

实施教师培训和学术交流计划，提高现有教师的教学科研能力，形成高水平的师资队伍。可以从以下两个方面着手：①青年教师成长计划。设立专项基金支持青年教师出国深造和访问学习，鼓励他们在国际顶尖机构中积累经验，提高科研能力。为青年教师提供多元化的晋升通道，激励其科研与教学发展并重。②"双师型"教师培养。通过与企业、科研机构合作，培养既有学术能力又具备实际应用技能的"双师型"教师，增强教师的产业实践能力，提升教学和科研的实用性。

（五）科研能力与创新

1. 科研平台建设

建设和完善高水平的科研平台和实验室，为科研活动提供良好的条件和环境。可以从以下两个方面着手：①国家级科研平台创建。大力建设国家级重点实验室、农业工程技术中心等高水平科研平台，提升农业院校的科研基础设施水平。通过申报和获得国家科技创新基地资格，增强科研平台的竞争力和国际化水平。②国际联合实验室。建立与国外知名大学或科研机构的联合实验室，增强国际合作项目的科研实力，开展全球范围内的前沿性研究。

2. 重点项目支持

重点支持一批具有前瞻性和影响力的科研项目，形成一批高水平的科研成果。可以从以下两个方面着手：①重大专项引领。集中资源支持一批具有重大影响力的农业科研项目，推动在农业生产、绿色生态、食品安全等领域的创新突破。定期评估重点项目的进展，确保形成高水平的科研成果和应用技术。②创新孵化器建设。建立科技成果孵化器，支持科研成果的产业化和推广应用。通过校内创新创业园区的建设，推动科研项目与社会需求、市场需求的紧密结合。

（六）课程体系与教学改革

1. 课程优化

优化课程设置，开设符合学科发展方向和社会需求的课程，提升课程的实用性和吸引力。可以从以下两个方面着手：①产业需求导向的课程设计。依据农业领域的新兴技术和市场需求，开发前沿性的课程模块，如农业物联网、智能农机、精准农业等，确保学生能够掌握最新的技术和知识。②多样化课程体系。鼓励跨学科课程设计，增设选修课程，满足学生的个性化发展需求。提供灵活的课程选择，以适应不同学生的学习目标和职业规划。

2. 教学改革

推进教学方法和教学手段的改革，采用多样化的教学模式，提高教学质量和学生的实践能力。可以从以下两个方面着手：①"产教融合"实践课程。与企业、科研院所合作开设实践课程，将课堂教学与产业实践紧密结合。通过真实的项目案例教学，提升学生的实践能力和创新思维。②数字化教学手段。推广在线教育和混合式教学模式，应用信息技术提高教学的互动性和灵活性。使用虚拟仿真技术进行农业实验模拟教学，提升教学效果。

（七）质量保障与评价机制

1. 评价体系

建立科学的学科建设评价体系，对学科建设的各个环节进行评估和监督，确保学科建设的质量和效果。可以从以下四个方面着手：①综合性指标体系。在多维度评价体系中，除了科研成果、人才培养、社会服务和国际化水平等常规指标，还应增加如创新能力、学科影响力、学生就业质量等指标。每个指标的权重可以根据学科的特性进行调整，确保评价的科学性。例如，对于农业类学科，可以重点考核科研成果的实际应用转化率和对农业发展的贡献。②定性与定量相结合。定量指标包括发表的高质量学术论文、科研经费、产学研合作项目数量等；定性指标则可通过问卷调查、专家评审等方式评估学科的创新性、社会服务的有效性以及学科在国际上的认可度等。③交叉评估机制。除了学科自评之外，还应邀请国内外相关的知名学者、行业专家、政府代表等组成外部专家评估团队，对学科建设进行全面评估，确保评价体系的公正性与专业性，同时通过外部评估发现学科建设中的薄弱环节。④动态调整机制。随着社会和科技的不断发展，学科评价体系应具备动态调整能力，定期更新和优化评价标准。定期召开学科建设工作会议，根据国内外农业科技和教育发展的新趋势，调整评价体系中的重点指标，确保评价内容的前沿性和针对性。

2. 持续改进

通过教师、学生、企业等多方反馈，及时调整学科建设策略。根据评价结果制定改进方案，鼓励不断创新，形成学科建设的良性循环。可以从以下两个方面着手：①多方反馈机制。构建多方反馈渠道，包括定期召开座谈会、设立意见箱、网络问卷等方式，广泛收集教师、学生、企业和社会的反馈，建立"反馈—改进—反馈"的循环系统，使学科建设处于持续优化的状态。②内部督导与审核机制。设立学科建设内部监督小组，定期审核学科建设的进展情况，重点监督资源配置、项目执行、科研平台建设等核心环节，确保学科建设计划的顺利推进。

3. 引入国际质量认证

农业院校可以参照国际学术机构或认证机构的标准，如 ISO 认证、ABET 认证（美国工程与技术认证委员会）等，提升学科的国际化质量管理水平。通过这些国际认证，确保学科建设质量达到全球标准，并进一步提高国际认可度。

（八）学术交流与合作

1. 学术会议

举办或协办国内外农业科技高峰论坛和学术会议，邀请全球农业科学家进行前沿交流，提升学科的学术影响力。可以从以下四个方面着手：①定期举办品牌学术会议。创建学校主办的品牌学术会议，确保每年或每两年定期举办，如农业科技前沿大会、乡村振兴与绿色农业论坛等。这些会议应以全球农业发展重大议题为主题，涵盖粮食安全、可持续发展、精准农业等领域。通过持续举办，逐步将其打造成国际知名的农业学术盛会。②设立学术交流基金。设立专项学术交流基金，支持教师和学生参与国际知名的学术会议，如国际植物学大会、国际农业工程协会年会等。这不仅有助于他们获取前沿的学术知识和研究动态，还能为其提供展示学校科研成果的平台，增强学校在国际学术界的影响力。③召开跨学科、跨国界学术研讨会。促进跨学科和跨国界的学术研讨，邀请来自不同领域的专家学者共同讨论前沿课题，推动农业科学与信息技术、生命科学、环境科学等学科的融合发展。通过这些互动，促进全球农业科研成果的共享与应用，提升学科的全球学术话语权。④线上与线下结合的会议模式。随着全球化和技术进步，学校可以采用线上与线下相结合的方式举办国际学术会议，扩大参与范围，降低组织成本，并提升全球学者的参与度。

2. 学术出版

鼓励教师和学生发表高水平的学术论文和著作，提升学科的学术水平和知名度。在条件允许的情况下，创办学校主办的高水平国际学术期刊，吸引全球学者投稿，提高学校的学术影响力和知名度。可以从以下三个方面着手：①学术出版激励机制。设立学术出版奖励制度，鼓励教师和学生发表高质量论文和著作，特别是在高影响因子国际期刊上发表科研成果。通过奖励制度激发学术活力，提升学校在国内外的学术声誉。②国际合作出版平台建设。与知名的国际学术出版机构合作，创办或参与编辑农业领域的高水平学术期刊，如与Springer、Elsevier 等出版社合作，出版国际顶尖的农业研究系列期刊，可以更快地将学校的科研成果推向国际学术界。③学校主办期刊的国际化。如果学校已经主办学术期刊，则可以通过引入国际编委、吸纳国际投稿、提升期刊质量和影响因子等方式，逐步推动期刊国际化，争取被国际知名文献数据库（如SCI、SSCI、EI 等）收录。

（九）社会服务与产学研合作

1. 技术推广

通过技术推广和咨询服务，促进学科研究成果的应用与推广，为社会经济发展提供科技支撑。可以从以下四个方面着手：①"科技下乡"服务体系。通过"科技下乡"计划，组织教师和学生到农村和农业生产一线，直接为农民提供技术培训、咨询服务和实地技术指导。可以依托农业院校的特色学科优势，推广新型农业技术，如生态农业、精准施肥、病虫害防治等。②科技小院。与地方政府、农民专业合作社、企业等合作，成立各种专门的科技小院，帮助农户和企业解决实际问题，顺便推广院校的科研成果和创新技术。③数字化推广平台。依托信息技术，建设线上农业技术推广平台，通过数字化手段向社会发布科研成果和技术推广内容。平台可以提供在线咨询、远程指导等服务，覆盖更广泛的农民和农业企业用户，提升技术传播效率。④农业科普基地。建立农业科技科普基地，通过开放实验室、田间展示、科普讲座等方式，向社会公众展示现代农业科技的最新成果，增强公众对农业科技的理解与认知。科普基地可以与中小学、科研机构等合作，定期组织科普活动。

2. 合作项目

与企业、政府和科研机构开展合作研究和技术开发，推动产学研合作，促进科技成果的转化和应用。可以从以下五个方面着手：①产学研协同创新基地。与龙头农业企业、政府和科研院所共同建立产学研协同创新基地，重点推动农业院校的科研成果向企业和农业生产一线转化。例如，在精准农业、种子研发、农业机械等领域，共同研发创新产品和技术，促进科研成果产业化。②校企联合实验室。与企业合作建立联合实验室，集中解决农业生产中的实际问题，如农产品加工技术、智能农机装备等领域的关键技术难题。通过联合实验室，企业可以为科研提供实际应用场景，学校则提供先进技术和科研力量，形成优势互补。③乡村振兴合作项目。与地方政府紧密合作，参与乡村振兴战略中的重点项目，特别是在农业科技扶贫、农村人居环境改善、农业绿色发展等方面，通过合作研究和技术输出，推动农业技术在乡村的广泛应用。④企业主导的科研需求对接机制。农业院校应定期举办产学研对接会，搭建企业与院校科研人员的沟通桥梁。根据企业在农业生产和市场中的实际需求，进行定向科研攻关，学校科研团队可以为企业量身定做技术解决方案，从而提升科研成果的市场转化率。⑤农业科技成果展览会。定期举办农业科技成果展览会，向社会和企业展示院校的科研成果和技术创新，扩大社会影响力，促进产学研合作。展览会还可以作为项目对接的平台，吸引企业和政府与院校签订合作协议。

三、院校学科分层建设的利弊分析

院校学科分层建设是一种按照教育主管部门和学校发展的要求，根据学科的实力和特色，形成不同学科层次以便于有针对性地进行资源配置和发展策略规划的做法。以河南科技学院为例，目前形成了省级一流创建学科、省级特色骨干学科、省级重点学科、校级重点学科四个层次分类建设的重点学科现状与格局（图 4-1）。

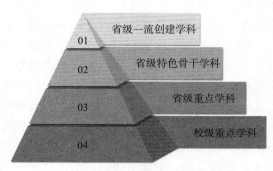

图 4-1　河南科技学院重点学科分层建设的现状

重点学科分层建设有助于精准定位学科发展方向、促进学科协同发展、提高学术声誉和影响力，以及有效利用资源和实现优势互补，是推动学科发展和提升学校整体实力的重要举措。但是，学科分层建设有利有弊，可以从以下几个方面来探讨其利弊。

（一）农科特色地方院校学科分层建设的优势

1. 资源优化配置

通过学科分层，学校可以根据学科的定位和发展需要，有针对性地分配资源，优先保障省级一流创建学科等高层次学科的发展需求，从而实现资源的最优化配置。

2. 激励学科发展

分层建设形成明确的发展层级和目标，为各学科提供向上发展的激励。这种竞争和激励机制有助于促进学科之间的良性竞争和自我完善。

3. 发展应用学科

农科特色地方院校建设的省级一流创建学科和省级特色骨干学科基本上都属于应用性强的学科，其中省级一流创建学科等高层次学科的建设有助于提升学校的品牌影响力，吸引更优质的师资和学生资源，形成良好的学科发展生态。通过特色骨干学科的培育，学校能够在某一个或几个细分领域形成鲜明的特色和优势，满足社会和经济发展的特定需求。

（二）农科特色地方院校学科分层建设的弊端

1. 资源过度倾斜

过度的资源倾斜可能造成部分学科资源匮乏，影响这些学科的正常发展和教学质量，加剧学科之间的不平衡。学科之间为了争夺更高层次的称号和更多的资源，可能会产生过度竞争，导致学科内部过度消耗资源，忽视了学科本质发展和教育质量的提升。

2. 固化学科地位

学科分层可能会使得部分学科长期处于较低的层级，难以获得足够的资源和关注，固化了学科之间的地位差异，不利于学科的全面发展。

3. 忽视基础学科

在资源和关注度集中于省级一流创建学科和特色骨干学科等高层次学科的情况下，可能会忽视那些基础但非常重要的学科，影响学校整体的学术氛围和教育质量。

综上所述，农业院校学科分层建设是一把双刃剑，它既有利于资源的优化配置和学科特色的培育，也可能带来资源过度不均、弱势学科地位固化等问题。在国家重点学科和目前"双一流"建设背景下，自上而下的各级教育主管部门对学科建设已形成分层建设的共识，说明其利大于弊。因此，农业院校在实施学科分层建设时，应当充分考虑各种因素，努力平衡各学科的发展，确保学科分层建设更加科学合理，有利于学校整体发展（图4-2）。

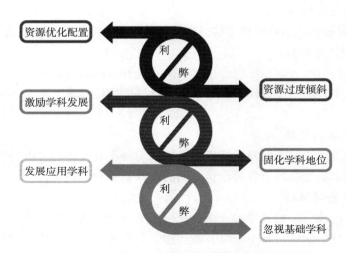

图 4 - 2　农科特色地方院校重点学科分层建设的利弊

四、本节小结

学科建设是农业院校提升办学水平和核心竞争力的关键环节。通过科学规划与顶层设计、优势学科与特色学科建设、学科交叉与融合、高水平师资队伍建设、科研能力与创新、课程体系与教学改革、质量保障与评价机制、学术交流与合作以及社会服务与产学研合作等多方面的路径与策略，农业院校可以有效推进学科建设，提升学科的核心竞争力和社会影响力，为国家和社会培养更多高素质人才，提供更强有力的科技支撑和智力支持。

第五章 师资队伍建设

第一节 师资队伍建设的重要性

师资队伍建设是农业院校学科建设的重要组成部分，是农业院校提高教学质量、科研水平和社会服务能力的关键环节。一支高素质的师资队伍不仅是农业院校办学水平和社会影响力的体现，也是农业院校实现可持续发展和创新的重要保障。

一、教学质量的保障

（一）教学能力提升

1. 专业知识传授

高水平的师资队伍能够深入理解和准确传授专业知识，确保学生获得扎实的学术基础。为了保持和提升教师的专业水平，应采取如下措施：①教师进修与继续教育。定期安排教师参加国内外知名高校和科研机构的进修项目，通过短期研修、学术访问、交流学习等形式，提升他们的专业水平。②传帮带制度。聘任学校资深专家和老教师作为双导师，指导青年教师在教学和科研上双向发展，增强他们的专业素养和教学能力。

2. 教学方法创新

优秀的教师会采用多样化和创新的教学方法，如问题导向教学、案例教学和实践教学，提升学生的学习兴趣。为此，教师应不断探索和应用新的教学手段：①多元化教学模式。鼓励教师采用多元化的教学模式，如情境教学、探究式学习、项目驱动学习等，提升学生的主动学习意识和解决问题的能力。②现代教育技术应用。积极引入现代教育技术，如虚拟现实（VR）、增强现实（AR）、在线互动平台等，增强教学的互动性和沉浸感，提升学生的学习体验。③教学竞赛与教学示范。组织教学竞赛和教学示范课，激励教师不断创新教学方法，相互学习和借鉴，提高整体教学水平。

（二）课程质量提升

1. 课程设计

经验丰富的教师能够设计出科学合理、有吸引力的课程体系，确保课程内容的前沿性和系统性。为了实现这一目标，应注重以下方面：①学生需求导向。通过问卷调查、座谈会等形式了解学生的学习需求和职业规划，结合这些需求设计课程，使课程内容更具针对性和吸引力。②行业与学术结合。引入行业专家参与课程设计，结合前沿学术研究和行业实际需求，确保课程内容的科学性、前瞻性和实用性。③国际化课程体系。借鉴国际一流农业院校的课程设计理念和方法，融入国际先进的农业技术和管理经验，提升课程的国际化水平。

2. 教学资源

高水平的教师往往积累了丰富的教学资源，包括教材、教学案例和实验材料等，为学生提供优质的学习资源。为进一步提升教学资源的质量和可及性，应采取以下措施：①开放教育资源（OER）。鼓励教师开发并共享开放教育资源，如在线课程、教学视频、电子教材等，方便学生随时随地进行自主学习。②多媒体教学资源。开发和利用多媒体教学资源，如动画、模拟实验、虚拟实验室等，丰富教学内容，提升学生的学习兴趣和效果。③企业合作资源。通过与知名农业企业建立长期合作关系，获取真实案例、最新技术和设备，丰富教学资源，增强教学的实践性和应用性。

二、科研水平的提升

（一）科研项目的主持

1. 高水平研究

高素质的教师具备主持和参与国家级、省部级科研项目的能力，推动学科前沿研究。这需要教师拥有深厚的学术背景和研究经验，同时具备敏锐的科研视角：①科研团队建设。组建高水平的科研团队，吸引国内外优秀人才，形成多学科交叉和协同攻关的科研模式，提高研究项目的创新性和竞争力。②科研培训与分享。组织科研培训和经验分享会，提升教师的科研能力，促进学术交流，激发更多创新性研究思路。③国际合作与交流。鼓励教师参与国际科研合作，通过国际学术交流和合作项目，拓宽研究视野，推动学科前沿问题研究。

2. 科研经费获取

有经验的教师能够有效获取科研经费，为学校和学科的发展提供资金支持。科研经费是开展高水平研究的重要保障，需要教师具备良好的项目申报能力和管理经验：①项目申报指导。学校的科研管理部门邀请专家提供政策解读、项目选题和申报技巧等全方位支持，提高教师申报项目的成功率。②多渠道经费来源。拓展多渠道科研经费来源，包括政府资助、企业合作、社会捐赠等，确保科研活动的持续性和稳定性。③经费使用管理。建立科学、透明的科研经费使用和管理机制，确保科研经费的合理使用，使科研效益最大化。

（二）科研成果的产出

1. 高质量学术论文

高质量学术论文是科研成果的重要表现形式，它们不仅是学术交流的重要载体，也是衡量科研工作水平的主要指标，发表在高影响力期刊上的论文能够提升学校的学术声誉和科研影响力。学校可以提供以下支持措施：①论文写作培训。通过定期开展高水平学术论文写作培训课程，提升教师和研究生的学术写作能力。②学术交流与会议。鼓励教师和学生参加国内外学术会议，展示研究成果，获取同行评议和反馈。③科研奖励机制。设立科研成果奖励机制，对发表在高影响力期刊上的论文进行表彰和奖励。

2. 专利与知识产权

专利（发明专利、实用新型专利、外观设计专利）和知识产权保护是科研成果应用的重要环节。专利不仅保护了研究者的创新成果，还为学校和研究机构带来了经济收益和社会声誉。学校可以提供的支持措施包括：①专利申请支持。提供专利申请指导和资助，帮助科研人员进行专利的撰写和申请。②知识产权保护。加强知识产权保护意识，设立专门的知识产权管理办公室，提供法律支持和咨询。③成果转化平台。建立专利成果转化平台，促进专利技术的推广和应用，实现产业化。

3. 新品种与新技术

动植物新品种（包括新的农作物品种、畜禽品种、水产养殖品种等）和农业生产新技术（如精准农业技术、智能农业装备、新型肥料和农药等）的研发是农业科研的重要目标，它们不仅推动了农业生产的现代化，还提高了农业的生产效率和经济效益。农业院校可以提供以下支持措施：①种质资源保护和利用。建立种质资源库，保护和利用珍稀品种资源，支持新品种的选育和推广。②技术研发与推广。设立专项资金支持新技术的研发与推广，加强与农业企业和农民专业合作社的合作，推动新技术的应用。③实验示范基地。建设和运营农业科技示范基地，进行新品种和新技术的田间试验和示范推广。

4. 农业标准与规范

农业标准和规范的制定和推广是确保农业生产可持续发展的重要保障，它们为农业生产提供了技术指导和质量保障，有助于提高农产品的市场竞争力。农业标准包括技术标准和质量标准，其中，技术标准涵盖农业生产操作规程、生产技术规范等，有助于规范农业生产，提高生产效率和产品质量；质量标准包括农产品质量检测标准、食品安全标准等，确保农产品的安全性和质量。农业院校可以提供以下支持措施：①标准制定支持。鼓励和支持科研人员参与国家和行业标准的制定，提供政策和资金支持。②标准推广培训。通过培训和宣传，提高农业从业人员对标准和规范的认识和应用能力。③质量检测体系。建立完善的质量检测体系，配备先进的检测设备，保障农业生产和农产品的质量。

5. 科技成果报告与图书

农业科技成果报告和学术图书是系统化展示科研成果的重要形式。它们不仅为学术界提供了宝贵的研究资料，还为农业的实际生产提供了技术指导。其中，科技成果报告总结了重要科研项目的研究成果和应用效果，通常包括详细的数据分析和结论，而学术图书则系统地介绍某一领域的研究成果和理论进展，供学术界和农业从业人员参考。农业院校可以提供以下支持措施：①出版资助。提供科技成果报告和学术图书的出版资助，鼓励科研人员将研究成果整理出版，扩大影响力。②学术交流平台。建立和利用学校及学术机构的交流平台，广泛传播科技成果报告和图书内容。③成果展示与推广。定期举办科技成果展示会和学术交流会，推广农业科研成果，促进学术交流与合作。

三、人才培养的关键

（一）学生培养

1. 本科生教育

高素质教师能够为本科生提供优质的课堂教学和课外指导，培养学生的创新能力和实践能力。

2. 研究生指导

高水平的教师能够为研究生提供专业的科研指导，培养出具有独立科研能力和学术潜力的高层次人才。

（二）青年教师培养

1. 传帮带作用

经验丰富的教师能够通过传帮带的方式，指导和培养年轻教师，提升整个教师队伍的整体水平。

2. 学术梯队建设

高水平的师资队伍能够形成合理的学术梯队，确保学科的可持续发展和人才的不断涌现。

四、学科建设与发展

（一）学科特色与优势

1. 特色学科建设

高水平的师资队伍能够结合学校和地方的特色，打造具有竞争力和影响力的特色学科。

2. 优势学科打造

通过引进和培养高水平教师，集中资源支持优势学科，形成学科建设的高地。

（二）学科交叉与融合

1. 学科交叉

高素质教师能够促进不同学科之间的交叉与融合，推动学科的综合性和创新性发展。

2. 学科国际化

有国际学术背景的教师能够推动学科的国际化进程，提升学科的国际影响力和竞争力。

五、社会服务与产学研合作

（一）社会服务

1. 技术推广

高水平教师能够将科研成果转化为实际应用，通过技术推广和咨询服务，为地方经济和社会发展提供科技支撑。

2. 继续教育

优秀教师能够开展各类社会培训和继续教育，提高社会服务能力和影响力。

（二）产学研合作

1. 合作研究

高素质教师能够与企业、政府和科研机构开展广泛的合作研究和技术开发，推动产学研合作。

2. 成果转化

通过与企业合作，优秀教师能够推动科研成果的产业化和应用，提高科技成果的社会效益和经济效益。

六、学校声誉与影响力提升

（一）学术声誉

1. 学术成果

高水平教师产出的高质量学术成果能够提升学校的学术声誉和影响力。

2. 学术交流

优秀教师的学术交流与合作能够扩大学校的学术影响力，提高学校在国内外学术界的知名度。

（二）社会声誉

1. 社会贡献

高水平教师通过科研成果的应用和社会服务，为社会经济和科技进步作出贡献，提高学校的社会声誉。

2. 校友网络

优秀教师培养的高素质人才成为校友，他们在各行各业的出色表现也会提升学校的声誉和影响力。

七、本节小结

总之，师资队伍建设在农业院校学科建设中具有举足轻重的地位。高素质的师资队伍不仅是教学质量和科研水平的重要保障，也是人才培养、学科发展、社会服务和学校声誉提升的关键因素。为此，农业院校应通过科学规划、合理配置资源、多渠道引进高水平人才和加强本地教师培养等多方面措施，努力建设一支高水平的师资队伍，为学科建设和学校发展提供坚实的基础和强有力的保障。

第二节　高层次人才引进与培养

农业院校面临着独特的挑战和机遇，特别是在推进农业科技创新、服务国家粮食安全和农业现代化方面。引进高层次人才是农业院校实现跨越式发展的重要途径。高层次人才引进与培养在推动农业院校学科建设、提升科研水平和人才培养质量方面的重要性是排在首位的。

一、高层次人才引进的必要性

高层次人才不仅能推动学术研究和科技创新，还能提升教学质量，增强社会服务功能，为学校的发展和社会进步作出重要贡献。以下详细介绍高层次人才引进的必要性。

（一）推动前沿研究

农业科学的前沿研究是推动农业科技进步的关键。高层次人才的引进能够带动前沿研究，推动科技创新，为农业现代化和可持续发展提供强有力的支撑。

1. 科技创新

高层次人才拥有深厚的学术背景和创新能力，能够引领农业前沿领域的研究，推动科技创新。他们可以提出新的研究方向和研究课题，带动整个科研团队在科学探索上取得新的突破。通过他们的努力，农业院校能够在国际学术界占据一席之地，提升科研水平和国际影响力。

2. 科研突破

高层次人才在农业关键技术、种质资源、生态农业等领域的研究，可以带来突破性进展，解决农业生产中的重大问题。例如，在种质资源的保护和利用、新型农药和肥料的研发、生态农业模式的创新等方面，高层次人才能够提出独特的见解和解决方案，为农业生产提供技术支持，推动农业产业的升级和转型。

（二）提升教学质量

教学质量是农业院校办学水平的重要体现。引进高层次人才能够全面提升教学质量，促进教学改革，为培养高素质农业人才奠定坚实基础。

1. 高水平教学

高层次人才具备丰富的教学经验和先进的教学理念，他们的加入可以显著提升教学水平和教学质量。他们能够将最新的科研成果融入教学内容，采用多样化的教学方法，激发学生的学习兴趣和科研热情，提高课堂教学的效果和学生的综合素质。

2. 课程改革

高层次人才能够推动课程体系的改革与创新，开设前沿课程，培养具有国际视野和创新能力的农业人才。通过引入国际先进的教学理念和课程内容，优化课程设置，增强课程的前沿性和实用性，提升学生的综合能力和就业竞争力，满足社会对高素质农业人才的需求。

（三）增强社会服务

农业院校不仅是知识的传播者和创新者，也是服务社会的重要力量。引进高层次人才能够增强农业院校的社会服务功能，为农业生产和政府决策提供科技和智力支持。

1. 技术推广

高层次人才能够将科研成果转化为实际应用，通过技术推广和示范，为农业生产提供科技支撑。他们可以组织和参与技术培训和推广活动，帮助农民和农业企业掌握先进的农业技术，提高生产效率和产品质量，推动农业产业化和现代化发展。

2. 政策咨询

高层次人才在农业政策研究和咨询方面具有重要影响力，可以为政府决策提供科学依据。他们能够利用自己的专业知识和研究成果，参与农业政策的制定和评估，提出科学合理的政策建议，推动农业政策的科学化和规范化，促进农业的可持续发展和社会的和谐进步。

二、高层次人才引进的路径与策略

（一）明确引才目标与方向

明确的人才引进目标和方向是确保引才工作有序推进的基础。通过需求导向和目标制定，农业院校可以聚焦重点领域，精准引进所需的高层次人才，提升学科建设水平。

1. 需求导向

根据学校和学科发展的实际需求，明确高层次人才引进的重点领域，如作物科学、动物科学、农业资源与环境、农业工程等。这有助于聚焦科研和教学的关键环节，提升学科核心竞争力。需求导向的引才策略能够确保引进的人才能够契合学校的发展需求，实现资源的最优配置。

2. 目标制定

制定具体的人才引进计划和任务，明确引进的人才数量、层次和具体学科领域，确保引才工作的有序推进。通过制定详细的引才目标，学校可以有针对性地进行人才引进，避免盲目性和随意性，确保引才工作高效、精准。目标明确还能够为引才工作提供清晰的方向和衡量标准。

（二）多渠道引才

多渠道引才是实现高层次人才引进多样化和国际化的重要途径。通过国内外多种方式吸引高层次人才，农业院校可以拓宽人才来源，提高人才引进的质量和数量。

1. 国内高层次人才

通过学术会议、专家推荐、人才政策支持等途径，吸引国内的学术带头人和优秀青年学者。学术会议和专家推荐是了解国内顶尖人才的重要渠道，通过参与和组织学术活动，可以直接接触和吸引潜在人才。人才政策的支持则为高层次人才提供了良好的政策环境和保障。

2. 国际高层次人才

通过国际合作项目、学术交流、海外招聘等方式，吸引具有国际学术影响力的高层次人才。国际合作和学术交流能够增强学校的国际影响力，吸引海外优秀人才前来工作和交流。海外招聘则可以直接接触到国际顶尖人才，拓展学校的国际人才网络。

3. 校友资源

发挥校友的作用，通过校友网络和推荐，吸引优秀校友回校工作。校友是学校重要的资源，许多校友在外取得了卓越的成就，他们对母校有深厚的感情，通过校友网络的联络和推荐，可以有效吸引优秀校友回归，为学校发展贡献力量。

（三）优化引才政策与环境

优化引才政策和科研环境是吸引和留住高层次人才的重要保障。通过政策支持和提供良好的科研条件，农业院校可以为高层次人才创造有利的发展环境。

1. 政策支持

制定并实施有吸引力的人才政策，包括科研经费支持、安家费、住房保障、配偶工作安排等。优厚的人才政策是吸引高层次人才的重要手段，通过提供多方面的支持和保障，减轻高层次人才的生活和工作压力，使其能够专心从事科研和教学工作。

2. 科研条件

提供良好的科研条件，包括先进的科研设备、充足的实验室空间和丰富的学术资源，吸引高层次人才。良好的科研条件是高层次人才开展创新研究的基本保障，通过不断完善科研设施和资源配置，学校能够为高层次人才创造良好的科研环境，激发其创新潜力。

（四）柔性引才模式

柔性引才模式是弥补全职引进不足的重要策略，通过灵活的聘用方式，农业院校可以广泛吸引高层次人才的加入，提升学科建设和科研水平。

1. 兼职聘用

通过兼职聘用、客座教授等方式，灵活引进高层次人才，弥补全职引进的不足。兼职聘用和客座教授的方式可以使高层次人才在不改变现有工作单位的情况下，为学校提供学术指导和科研支持，既灵活又高效。

2. 短期交流

通过短期学术交流和合作研究，吸引高层次人才来校开展学术活动和科研合作。短期交流能够促进学术互动和合作，吸引高层次人才在短期内为学校贡献智慧和成果，拓宽学术视野，提升科研水平。

三、高层次人才培养的路径与策略

培养高层次人才是农业院校实现持续发展的重要战略。通过系统的培养机制、优质的科研条件、促进学术交流与合作、优化教学与科研结合以及建立激励与考核机制，可以全面提升高层次人才的学术水平和科研能力，为学校的发展做出更大贡献。

（一）建立系统的培养机制

建立系统的培养机制是确保高层次人才不断发展的基础。通过专项计划的设立，农业院校可以系统性地支持和培养不同层次和发展阶段的人才，提升整体学术水平。

1. 青年人才计划

设立青年人才专项计划，重点支持和培养具有发展潜力的青年学者。青年学者是未来学术发展的主力军，通过专项计划的支持，可以为他们提供更多的科研资源和发展机会，帮助他们迅速成长为学术新星。专项计划应包括科研经费资助、学术交流机会、导师指导等多方面的支持。

2. 学术带头人计划

设立学术带头人培养计划，重点支持和培养在某一学科领域具有重要影响力的学术领军人才。学术带头人是学科发展的中坚力量，通过专门的培养计划，可以为他们提供更高的平台和资源，帮助他们在学术领域取得更大的突破。培养计划应包括重大科研项目支持、团队建设、国际合作等内容。

3. 学科带头人计划

设立学术带头人培养计划，旨在吸引和培养具备国际视野和创新能力的学科领军人才，以显著提升农业学科的竞争力和影响力。通过设立"学科带头人专项基金"支持前沿研究、设备购置和国际交流，并参与重要国际会议与国家重大项目。为确保计划的有效实施，应建立评估与激励机制，定期评估表现并给予奖励，提供改进支持。

（二）提供优质的科研条件

优质的科研条件是高层次人才开展创新研究的基本保障。通过科研项目支持和科研平台建设，农业院校可以为高层次人才创造良好的科研环境，激发他们的创新潜力。

1. 科研项目支持

为高层次人才提供充足的科研经费和项目支持，鼓励他们开展创新性和前沿性研究。科研项目是高层次人才进行创新研究的重要载体，通过设立专项科研基金和提供项目申请支持，可以帮助高层次人才获得所需的科研资源，推动科研工作顺利开展。

2. 科研平台建设

建设高水平的科研平台和实验室，为高层次人才提供良好的科研条件和技术支持。现代化的科研平台和实验室是高层次人才进行高水平研究的重要保障，通过不断完善科研设施和技术服务体系，可以为高层次人才提供便利和支持，提升科研效率和研究水平。

（三）促进学术交流与合作

学术交流与合作是提升高层次人才学术水平和国际影响力的重要途径。通过国内外交流和学术团队建设，农业院校可以促进学术思想的碰撞和合作研究的深化，形成学术研究的合力。

1. 国内外交流

鼓励和支持高层次人才参加国内外学术会议、交流访问和合作研究，提升其学术水平和国际影响力。学术会议和交流访问是获取最新学术信息和建立学术联系的重要途径，通过提供经费支持和政策保障，可以帮助高层次人才拓宽学术视野，提升学术水平。

2. 学术团队建设

支持高层次人才组建学术团队，开展团队协作研究，形成学术研究的合力。学术团队是高水平研究的重要形式，通过支持高层次人才组建和管理学术团队，可以促进学科交叉和多学科合作，提高科研工作的组织化和系统性，形成学术研究的创新合力。

（四）促进教学与科研结合

教学与科研是高校发展的两大支柱，通过优化教学与科研的结合，农业院校可以全面提升高层次人才的教学水平和科研能力，实现教研相长，培养高素质的农业人才。

1. 教学任务安排

合理安排高层次人才的教学任务，确保其有足够的时间和精力开展科研工作。科学合理的教学任务安排是保障高层次人才高效工作的前提，通过优化教学任务分配，可以减轻高层次人才的教学负担，使他们能够有足够精力投入科研工作，实现教学与科研的平衡发展。

2. 科研带动教学

鼓励高层次人才将最新的科研成果和前沿知识融入教学，提高教学质量和学生的创新能力。特别是在学生培养过程中，要将学生完成学位论文的过程视为一个全面育人的机会。通过结合实际科研项目，引导学生在解决实际问题中提升能力和知识水平。这种方法不仅能够深化学生对学科知识的理解，还能培养他们的科研素养和创新思维，为将来的职业发展奠定坚实基础。

（五）建立激励与考核机制

科学的激励与考核机制是激发高层次人才积极性和创造力的重要手段。通过绩效考核和奖励机制，农业院校可以全面评价高层次人才的工作表现，激励他们在教学和科研方面取得更大的成绩。

1. 绩效考核

建立科学的绩效考核机制，对高层次人才的科研成果、教学工作和社会服务进行综合评价。绩效考核是激励高层次人才的重要手段，通过科学合理的考核标准和评价体系，可以全面客观地评价高层次人才的工作表现，激发他们的工作积极性和创造力。

2. 奖励机制

设立各种奖励机制，如科研成果奖、教学优秀奖等，激励高层次人才在教学和科研方面取得更大的成绩。奖励机制是表彰和激励优秀人才的重要方式，通过设立多种形式的奖励措施，可以鼓励高层次人才不断追求卓越，提升学校的学术水平和社会影响力。

四、引进与培养高层次人才的挑战与对策

引进与培养高层次人才是地方农科特色院校实现跨越式发展的关键环节。然而，这一过程中面临诸多挑战，需要有针对性的对策来应对。以下详细介绍地方农科特色院校在引进与培养高层次人才时的挑战与对策。

（一）挑战

地方农科特色院校在引进与培养高层次人才的过程中面临诸多挑战。这些挑战不仅限制了院校的发展潜力，也影响了其在国内外学术界的竞争力。识别和应对这些挑战是提升院校整体实力的关键。

1. 竞争压力

国内外高校在高层次人才引进中竞争激烈，吸引优秀人才的难度较大。特别是顶尖人才，他们的选择往往不仅限于一所学校，而是全球性的。地方农科特色院校在与国际名校和国内顶尖高校竞争时，往往处于劣势，难以吸引优秀的人才。

2. 资源保障

高层次人才的引进和培养需要大量的科研经费和资源，学校在资源保障上面临较大压力。高层次人才通常需要先进的科研设备、充足的科研经费以及丰富的学术资源，这对地方院校的财力和资源配置能力提出了很高的要求。

3. 工作环境

高层次人才对科研和教学环境有较高要求，学校需要不断优化工作环境。舒适的工作环境、和谐的学术氛围以及便利的生活条件都是吸引和留住高层次人才的关键因素。地方院校在这些方面往往存在一定的不足，需不断改进和优化。

（二）对策

针对引进与培养高层次人才过程中面临的挑战，地方农科特色院校需要采取一系列有效的对策。通过加强政策支持、优化资源配置以及提升管理水平，可以为高层次人才创造良好的工作和生活环境，提升学校的竞争力和吸引力。

1. 加强政策支持

政府和高校应加大对高层次人才引进和培养的政策支持，提供优厚的待遇

和良好的发展环境。政府可以出台专项政策，加大对地方院校的财政投入，提高人才引进的专项经费。同时，学校应制定灵活的人才引进政策，提供具有竞争力的薪酬待遇、科研启动经费、住房及安家补贴等，吸引和留住高层次人才。

2. 优化资源配置

学校应合理配置资源，加大对高层次人才科研和教学的支持力度，确保他们的工作条件。通过优化资源分配机制，优先保障高层次人才的科研和教学需求，提供先进的科研设备、充足的实验室空间以及丰富的学术资源，满足他们的工作需求，激发他们的科研创新能力。

3. 提升管理水平

学校应提升管理水平，建立高效的人才服务体系，为高层次人才提供全方位的支持和服务。通过优化行政管理流程，简化办事程序，提高工作效率，减轻高层次人才的非学术性负担。同时，应设立专门的人才服务机构，为高层次人才提供政策咨询、生活保障、子女教育等全方位服务，解决他们的后顾之忧，使其能够全身心投入教学和科研工作中。

五、本节小结

高层次人才的引进与培养是农业院校学科建设的核心内容，是提升学校核心竞争力和推动学科发展的关键举措。通过制定科学的人才引进与培养策略，提供优质的科研和教学条件，优化工作环境和资源配置，农业院校可以建立一支高水平的师资队伍，为学科建设和学校发展提供坚实的基础和强有力的保障。同时，高层次人才的引进与培养不仅可以推动农业科技创新，还能为国家粮食安全和农业现代化提供有力支撑。

第三节　教师考评与激励机制

教师考评与激励机制是农业院校学科建设的重要组成部分，科学合理的考评与激励机制不仅有助于提升教师的教学、科研和社会服务能力，还能促进学科的整体发展和创新。

一、教师考评机制

建立科学合理的教师考评机制有助于提升农业院校的整体教学质量和科研水平。通过多维度的考评指标体系、量化与质化结合的方法以及定期与动态的评估方式，可以全面、公正地评价教师的工作表现，促进其职业发展和学术进步。

（一）多维度考评指标体系

多维度的考评指标体系是全面评价教师工作表现的基础。通过教学评估、科研评估、社会服务评估和个人发展评估，农业院校可以全面了解教师在各个方面的贡献和发展情况，确保考评的客观性和全面性。

1. 教学评估

（1）课程质量评价。评价教师的课程设计、教学内容、教学方法和教学效果，可通过学生评教、同行评教和教学督导等方式进行评价。课程质量评价是教学评估的核心，通过多方反馈，可以全面了解教师的教学水平和课堂效果，帮助教师不断改进教学方法，提高教学质量。

（2）教学成果考核。考核教师在教学成果奖、教材编写、教学改革项目等方面的成绩，反映了其在教学创新和实践中的努力，通过考核这些成果，可以激励教师积极参与教学改革和创新，提高教学水平和学生的学习效果。

2. 科研评估

（1）科研成果。评估教师的科研论文、专著、专利、科研项目等的数量和质量。重点考核高水平、有较高影响力的科研成果。科研成果是衡量教师科研能力的重要指标，通过评估科研成果，可以了解教师在学术研究中的表现，促进高水平科研成果的产出。

（2）科研经费。考核教师所获科研经费的总量和结构，包括国家级、省部级、企业合作项目等。科研经费是支持科研工作的重要保障，通过考核科研经费，可以了解教师的科研项目申请和管理能力，促进科研资源的优化配置。

3. 社会服务评估

（1）科技推广。评估教师在农业科技推广、技术服务和培训方面的贡献，如推广新技术、新品种、新模式等。科技推广是农业院校服务社会的重要途径，通过评估教师在科技推广中的表现，可以促进产学研结合，推动农业科技进步。

（2）政策咨询。考核教师在政府决策咨询、政策研究报告等方面的成果和影响。政策咨询是教师服务社会的重要方式，通过考核政策咨询成果，可以了解教师在政策研究和咨询中的贡献，提升学校的社会影响力。

4. 个人发展评估

（1）职业发展。关注教师的职业发展规划、学术影响力提升和职业道德表现。职业发展评估可以帮助教师明确职业发展方向，提升学术影响力和职业道德水平，促进教师的全面发展。

（2）国际化水平。考核教师的国际合作项目、国际会议报告、海外访学经历等。国际化水平是衡量教师学术视野和国际影响力的重要指标，通过考核国际化表现，可以促进教师参与国际学术交流，提升学校的国际竞争力。

（二）量化与质化结合

量化与质化结合的考评方法可以确保教师考评的全面性和公正性。通过明确的量化指标和细致的质化评价，农业院校可以全面、客观地评估教师的工作表现，促进教师不断改进和提升。

1. 量化指标

通过明确的量化指标，如发表论文数量、科研经费总额、教学课时数量等，进行客观评估。量化指标可以提供客观的数据支持，使得考评具有可比性和可操作性，有助于直观了解教师的工作量和工作效果。

2. 质化评价

通过专家评审、同行评议、教学督导等方式，对教师的教学、科研和社会服务进行质化评价，确保评估的全面性和公平性。质化评价可以弥补量化指标的不足，通过专家和同行的专业判断，可以全面、深入地了解教师的工作质量和学术水平。

（三）定期与动态评估

定期与动态评估相结合的方式可以确保教师考评的及时性和准确性。通过定期的考评和不定期的动态评估，农业院校可以及时了解教师的工作表现，促进其不断改进和提升。

1. 定期评估

每年度或每学期进行一次教师考评，及时反馈教师的工作表现和不足，促进其改进和提升。定期评估可以系统、全面地了解教师的年度或学期表现，通过反馈和沟通，帮助教师明确改进方向和发展目标。

2. 动态评估

根据教师的实际工作情况和学科发展的需要，进行不定期的动态评估，确保考评的及时性和准确性。动态评估可以灵活、及时地反映教师在特定项目或活动中的表现，通过及时的反馈和调整，促进教师在具体工作中的改进和提升。

二、教师激励机制

建立科学合理的教师激励机制是确保农业院校教师队伍稳定发展、提高教学质量和科研水平的关键。通过多种激励手段，可以激发教师的工作热情，促进其全面发展。

（一）绩效奖励

绩效奖励是激励教师积极投入教学和科研工作的有效手段。通过对教学和科研成果的奖励，可以肯定教师的努力和贡献，激发他们不断追求卓越的动力。

1. 教学奖励

对在教学中表现优秀的教师，给予教学成果奖、优秀教师奖等荣誉和奖金奖励，激励其投入教学工作。教学奖励不仅是对教师教学效果的肯定，也是对其教学创新和努力的认可。通过设立多种形式的教学奖励，可以激励教师投入更多精力和热情在教学工作中，提高教学质量和学生培养水平。

2. 科研奖励

对在科研方面取得突出成绩的教师，给予科研成果奖、科研经费奖励等，激励其开展高水平科研。科研奖励是对教师学术研究成果的肯定，通过设立科研成果奖和科研经费奖励，可以激励教师追求高水平的学术研究，推动学校整体科研水平的提升。

（二）职称晋升与岗位激励

职称晋升与岗位激励机制是提升教师职业发展空间和工作积极性的重要手段。通过公平公正的职称评定和岗位激励，可以为教师提供明确的职业发展路径，促进其专业成长和学术进步。

1. 职称晋升

建立公平公正的职称晋升机制，根据教师的教学、科研和社会服务表现，评定职称，提升其职业发展空间。职称晋升不仅是对教师工作表现的认可，也是提升其职业地位和社会影响力的重要手段。通过科学合理的职称晋升机制，可以激励教师不断提高自身能力和水平，促进其职业发展。

2. 岗位激励

设立教学名师、科研领军人才等岗位，对在教学科研方面表现突出的教师，给予特殊津贴和岗位补助。岗位激励是对教师在特定领域表现突出的奖励，促进其在教学和科研方面取得更大成绩。

（三）人才引进与培养

人才引进与培养是提升农业院校学术水平和国际影响力的关键。通过引进高层次人才和实施系统的培养计划，可以优化教师队伍结构，提高学校整体实力。

1. 高层次人才引进

通过"千人计划""万人计划"等国家项目，引进全球顶尖科学家和学者，提升学校的学术水平和国际影响力。高层次人才是推动学科发展的重要力量，通过引进国内外顶尖科学家和学者，可以提升学校的学术水平和国际竞争力，促进学科的快速发展。

2. 人才培养

设立青年教师培养计划、海外访学计划、学术交流计划等，支持教师职业发展和学术提升。人才培养是提升教师整体素质的重要手段，通过系统的培养计划，可以帮助教师不断提升专业能力和学术水平，促进其全面发展。

（四）教育培训与职业发展

教育培训与职业发展规划是提升教师专业素养和综合能力的重要手段。通过系统的培训和科学的职业发展规划，可以帮助教师不断提升自身能力，实现长期发展。

1. 教育培训

定期举办教学培训、科研培训、管理培训等，提升教师的专业素养和综合能力。教育培训是提升教师专业水平的重要途径，通过定期举办各类培训，可以帮助教师不断更新知识结构，提升教学和科研能力，适应学科发展的需要。

2. 职业发展规划

帮助教师制定职业发展规划，提供职业咨询和指导，促进教师的长期发展。职业发展规划是教师职业成长的重要保障，通过科学合理的职业发展规划，可以帮助教师明确职业目标和发展路径，提供职业咨询和指导，促进其长期发展。

（五）学术自由与创新激励

学术自由与创新激励是激发教师科研创新能力的重要手段。通过尊重学术自由和设立创新激励机制，可以鼓励教师进行自主科研和学术探索，推动学科前沿领域的发展。

1. 学术自由

尊重教师的学术自由，鼓励教师探索创新，支持教师开展自主科研和学术研究。学术自由是学术创新的前提，通过尊重教师的学术自由，可以激发其创新思维和科研热情，促进自主科研和学术研究的开展，推动学科的创新发展。

2. 创新激励

设立创新基金、学术沙龙、研究团队等，激励教师进行创新性研究，推动学科前沿领域的发展。创新激励是支持学术创新的重要手段，通过设立创新基金、组织学术沙龙、组建研究团队等方式，可以为教师提供更多的创新资源和平台，激发其科研创新能力，推动学科前沿领域的发展。

三、教师考评与激励机制的完善和改进

建立科学合理的教师考评与激励机制是提升农业院校教学质量和科研水平、促进教师职业发展的关键。通过不断完善和改进考评与激励机制，可以确保评估的全面性和公正性，增强教师的信任感和积极性，最终实现学校的长远发展目标。

（一）构建科学合理的考评体系

科学合理的考评体系是有效评估教师工作表现和促进其职业发展的基础。

通过多维度综合评估和量化与质化相结合的方法，可以确保考评的全面性、科学性和公正性。

1. 多维度综合评估

构建涵盖教学、科研、社会服务、个人发展的多维度考评体系，确保评估的全面性和科学性。多维度综合评估可以全面反映教师在不同领域的表现，避免单一考评指标的片面性，确保对教师工作表现的全面评价，促进其全面发展。

2. 量化与质化相结合

结合量化指标和质化评价，确保评估的客观性和公正性。量化指标提供了客观的数据支持，而质化评价则通过专家评审、同行评议等方式，深入了解教师的实际工作情况。两者结合可以确保评估结果的科学性和公正性，提高考评的可信度和认可度。

（二）提高考评结果的透明度和公正性

透明和公正是考评机制的核心原则。通过建立公开透明的考评机制和确保公平公正的考评标准与过程，可以增强教师的信任感和参与度，避免偏见和不公正现象。

1. 公开透明

建立公开透明的考评机制，确保考评过程和结果的公开和透明，增强教师的信任感和参与度。通过公开考评标准、程序和结果，确保每位教师都能了解考评的具体细节，提高考评工作的透明度和公信力。

2. 公平公正

确保考评标准和考评过程的公平公正，避免偏见和不公正现象。制定科学合理的考评标准，严格执行考评程序，确保每位教师都能在公平的环境中接受考评，防止任何形式的偏见和不公正现象发生，维护考评的公正性和权威性。

（三）加强激励机制的激励作用

激励机制是激发教师工作热情和积极性的关键。通过实施多元化和长期的激励措施，可以提升激励效果，帮助教师实现职业发展目标，促进其长期发展。

1. 多元化激励

实施多元化的激励措施，包括绩效奖励、职称晋升、岗位激励、人才引进与培养等，提升激励效果。多元化的激励措施可以满足不同教师的需求，激发他们在不同领域的积极性和创造力，促进其全面发展。

2. 长期激励

注重长期激励措施，帮助教师制定职业发展规划，提供职业咨询和指导，促进教师在职业生涯中的不断成长和进步。

（四）注重教师的职业发展与成长

教师的职业发展与成长是学校发展的重要组成部分。通过系统的职业发展规划和教育培训，可以提升教师的专业素养和综合能力，促进其在职业生涯中不断进步。

1. 职业发展规划

帮助教师制定职业发展规划，提供职业咨询和指导，促进教师的职业发展和学术提升。科学合理的职业发展规划可以帮助教师明确职业目标和发展路径，通过职业咨询和指导，提供专业的支持和建议，促进教师的长期发展。

2. 教育培训

定期举办教学培训、科研培训、管理培训等，提升教师的专业素养和综合能力。教育培训是提升教师专业水平的重要手段，通过定期举办各种培训活动，可以帮助教师不断更新知识结构，提升教学和科研能力，适应学科发展的需要。

四、本节小结

教师考评与激励机制是农业院校学科建设的重要组成部分，科学合理的考评与激励机制不仅有助于提升教师的教学、科研和社会服务能力，还能促进学科的整体发展和创新。通过构建多维度考评指标体系，实施多元化激励措施，提高考评结果的透明度和公正性，注重教师的职业发展与成长，农业院校可以有效提升教师的工作积极性和创造力，推动学科的可持续发展和创新能力提升。

第六章 科研平台与创新体系建设

第一节 科研平台建设的意义与策略

一、科研平台建设的意义

科研平台建设是农业院校提升科研水平和学科发展的关键措施。通过提升学科核心竞争力、促进跨学科合作与创新、吸引和培养高层次人才、推动科研成果转化与应用以及提升国际合作与交流水平，科研平台为学校的全面发展提供了坚实的基础和重要支持。

（一）提升学科核心竞争力

科研平台是学科核心竞争力的重要体现。科研平台提供了先进的实验设备和研究条件，为教师和学生的科研工作提供了有力支持。通过科研平台，农业院校可以在关键领域取得重大突破，提升学科的核心竞争力和地位。高水平的科研平台不仅提高了科研效率和研究水平，还促进了高质量科研成果的产出，增强了学科在国内外的学术影响力和竞争力，为学科的长远发展提供了坚实的基础。

（二）促进跨学科合作与创新

跨学科合作与创新是现代科研的重要趋势。科研平台可以集聚多学科资源，促进农学、工学、理学、管理学等学科的交叉融合。在共同研究环境下，不同学科的研究人员可以互相借鉴、协同工作，推动学科交叉研究和创新。跨学科合作能够带来新的研究思路和方法，解决单一学科难以解决的复杂问题，推动科研成果的创新和突破，提升学科整体的创新能力和科研水平。

（三）吸引和培养高层次人才

高水平的科研平台是吸引高层次人才的重要因素。通过提供先进的科研条件和丰厚的研究资源，科研平台可以吸引国内外顶尖科学家和学者加入，培养具有国际水平的高层次人才。科研平台为高层次人才提供了施展才华的广阔舞台和优越环境，促进他们在科研领域不断创新和突破，带动学校整体科研水平的提升，增强学校的人才竞争力和学术影响力。

（四）推动科研成果转化与应用

科研平台是科研成果转化的重要基地。通过科研平台，农业院校可以加速科研成果的转化和推广，服务农业生产一线，推动农业科技进步和产业升级。科研平台通过与企业和政府合作，促进科研成果向生产实践转化，提高农业生产效率和产品质量，推动农业产业的现代化和可持续发展，增强学校的社会服务能力和影响力。

（五）提升国际合作与交流水平

国际合作与交流是提升学校国际影响力的重要途径。高水平的科研平台有助于提升学校的国际影响力和吸引力。通过科研平台，农业院校可以与国际顶尖科研机构和大学开展深度合作，提升国际合作与交流水平。国际合作不仅带来了先进的科研技术和管理经验，还促进了国际化高层次人才的培养，提高了学校在国际学术界的知名度和影响力，推动学校科研水平和学科发展迈向国际前沿。

二、科研平台建设的策略

科研平台建设是农业院校提升科研能力和学科水平的重要策略。通过科学规划与布局、合理资源配置、规范管理与运行以及创新与发展，科研平台可以充分发挥其作用，为学校的长远发展提供坚实基础。

（一）科研平台的规划与布局

科学规划与合理布局是科研平台建设的基础。通过明确建设目标和科学合理的布局，可以确保科研平台建设的方向性和有效性，避免资源浪费和重复建设。

1. 明确建设目标

根据学校的学科优势和发展需求，明确科研平台的建设目标和重点领域。明确建设目标是科研平台规划的首要任务，通过充分了解学校的学科优势和发展需求，可以确定科研平台的建设方向和重点领域，确保科研平台建设的科学性和针对性。

2. 确定功能定位

确定科研平台的功能定位，如基础研究、应用研究、技术开发、成果转化等。明确科研平台的功能定位，可以为科研平台建设提供清晰的定位和任务，确保科研平台在基础研究、应用研究、技术开发和成果转化等方面发挥应有的作用。

3. 科学合理布局

结合学校的整体规划和资源配置,对科研平台进行科学合理布局,避免资源浪费和重复建设。

4. 适当超前布局

在前沿学科领域布局科研平台,如智慧农业、生物技术、生态农业等,提升学科的整体实力。通过在前沿学科领域布局科研平台,可以提升学校的科研水平和学科整体实力,推动学科可持续发展和科技创新。

(二)科研平台的资源配置

充足的资源配置是科研平台高效运行的保障。通过合理的资金投入、先进的设备设施和高水平的人才引进,可以确保科研平台具备国际一流水准,为科研工作提供有力支持。

1. 专项资金投入

加大对科研平台建设的专项资金投入,确保科研平台的建设和运行所需经费充足。资金投入是科研平台建设的重要保障,通过加大资金投入,可以确保科研平台建设和运行所需的经费充足,为科研工作提供有力支持。

2. 科研项目支持

争取国家级、省部级、市厅级纵向科研项目资金和横向项目资金支持,拓宽科研平台的资金来源。通过争取纵向和横向项目资金支持,可以拓宽科研平台的资金来源,确保科研平台建设和运行的经费充足和持续性。

3. 设备与设施配置

配置先进的科研设备和设施,确保科研平台具备国际一流水准。先进的科研设备和设施是科研平台高效运行的基础,通过配置国际一流水准的科研设备和设施,可以提升科研平台的实验能力和研究水平。

4. 设备更新与维护

定期更新和维护科研设备,提升科研平台的实验能力和研究水平。通过定期更新和维护科研设备,可以确保科研设备的正常运行和先进性,提升科研平台的实验能力和研究水平。

5. 科研人才引进

通过"千人计划""万人计划""长江学者奖励计划"等国家级、省部级、市厅级和校级人才引进项目,引进全球高层次人才,提升科研平台的学术水平。高层次人才是科研平台高效运行的重要因素,通过引进全球高层次人才,可以提升科研平台的学术水平和科研能力。

6. 设立专职实验人员岗位

科研平台的高效运行离不开专职实验人员的辛勤工作。设立专职实验人员岗位是科研平台高效运行和科研活动顺利开展的重要保障。专职实验人员不仅负责大型科研设备的日常运转和维护，还在实验操作、技术支持和实验室管理等方面发挥重要作用。

（三）科研平台的管理与运行

科学规范的管理机制和高效的运行模式是科研平台持续发展的关键。通过建立健全管理机制、推动开放共享和实施绩效评估，可以确保科研平台的高效运行和持续改进。

1. 规范管理机制

建立健全科研平台管理机制，明确科研平台的管理职责和运行流程。科学规范的管理机制是科研平台高效运行的基础，通过建立健全管理机制，可以明确科研平台的管理职责和运行流程，确保科研平台的规范化运行。

2. 设立实验室与设备管理处

设立实验室与设备管理处，可以统筹负责科研平台的规划、建设、运行和评估，确保科研平台的科学管理和高效运行。

3. 开放共享

开放共享是科研平台高效利用的重要手段，通过推动科研平台的开放共享，可以制定科学合理的使用规则，确保科研资源的高效利用和价值最大化。推动科研平台的开放共享，制定科研平台使用规则，并建立科研平台开放共享信息系统，可以方便科研人员查询和使用科研设备和资源，提升科研平台的利用效率和服务水平。

4. 绩效评估

绩效评估是科研平台持续改进的重要手段，通过建立绩效评估机制，可以定期对科研平台的运行情况、科研成果和社会服务等进行全面评估，确保科研平台的高效运行。建立科研平台绩效评估机制，定期对科研平台的运行情况、科研成果、社会服务等进行评估。根据评估结果，及时调整和优化科研平台的建设和管理，提升科研平台的运行效率和效果。

（四）科研平台的创新与发展

创新与发展是科研平台保持活力和竞争力的关键。通过推动学科交叉、加速成果转化和提升国际合作与交流，可以不断提升科研平台的创新能力和国际化水平。

1. 推动学科交叉

设立跨学科研究中心和联合实验室，推动农学、工学、理学、管理学等学科的交叉融合。通过鼓励科研人员开展跨学科合作研究，可以促进学科交叉创新，解决复杂科研问题，推动科研平台的持续创新和发展。

2. 加速成果转化

科技成果转化是科研平台服务社会的重要途径，通过设立成果转化与合作办公室，加强与企业的合作，可以推动产学研结合，加速科研成果的转化和应用，提升科研成果的市场化和产业化水平，实现科研成果的经济价值和社会效益，从而提升科研平台的社会服务能力。

3. 国际合作与交流

国际合作与交流是提升科研平台国际化水平的重要手段，通过与国际顶尖科研机构和大学建立合作伙伴关系，可以开展国际联合项目研究，提升科研平台的国际合作水平。通过设立国际合作实验室，可以吸引国际高水平学者和研究团队加入，提升科研平台的国际化水平和科研能力，推动科研平台迈向国际前沿。

三、本节小结

科研平台建设是农业院校学科建设的重要组成部分。通过科学规划与布局、合理配置资源、规范管理与运行以及推动创新与发展，农业院校可以构建高水平的科研平台，提升学科的核心竞争力和国际影响力。科研平台建设不仅有助于提升教师和学生的科研能力，还能推动学科的整体发展和创新，促进科研成果的转化和应用，为农业科技进步和产业升级提供有力支撑。

第二节　学科交叉与科研创新体系

学科交叉与科研创新体系是农业院校提升学科水平和科研能力的重要策略和路径。科学合理的学科交叉与创新体系建设，不仅有助于打破学科壁垒，实现资源共享和优势互补，还能推动知识创新和技术突破，提升学校的整体竞争力和国际影响力。

一、学科交叉的意义

学科交叉是现代科研发展的重要趋势，特别是在农业院校，学科交叉能够带来许多显著的益处。通过知识融合与创新、解决复杂问题、培养复合型人才和提升科研竞争力，学科交叉不仅促进了科研能力的提升，还推动了学科的全面发展。

（一）知识融合与创新

知识是创新的源泉，不同学科的知识体系和研究方法各有特色。通过学科交叉，可以打破学科壁垒，实现知识的融合和创新，推动科学进步。学科交叉能够有效融合不同学科的知识体系和研究方法，催生新的科学观点和技术路径，从而推动知识创新和技术进步。不同学科的交叉与融合，可以带来新的研究思路和方法，启发科学家从不同角度思考和解决问题，推动科学知识的更新和技术的革新。例如，农业与信息技术的结合，可以发展智慧农业，实现精准农业管理和高效生产。

（二）解决复杂问题

现代农业研究涉及生物、环境、工程、管理等多个领域的综合问题，仅靠单一学科的力量难以完全解决，只有通过学科交叉和多学科合作，才能有效应对和解决这些复杂问题。复杂问题往往涉及多个学科的知识和技术，需要多学科协同合作，才能找到有效的解决方案。例如，应对气候变化对农业的影响，需要生物学、环境科学、农业工程和经济管理等多个学科的合作，才能提出综合的应对策略，确保农业生产的可持续发展。

（三）培养复合型人才

现代农业的发展对人才的要求越来越高，不仅需要专业知识，还需要跨学科的综合能力。学科交叉有助于培养具备多学科知识和综合能力的复合型人才，满足现代农业发展对高层次创新人才的需求。通过学科交叉的学习和研究，学生可以掌握不同学科的知识和技能，培养跨学科的思维方式和解决问题的能力。例如，通过农学与经济学的交叉学习，学生可以不仅懂得农业生产技术，还能够理解农业经济管理，为农业产业的发展提供综合性的人才支撑。

（四）提升科研竞争力

科研竞争力是农业院校发展的重要标志。通过学科交叉，可以形成新的科研增长点，增强科研团队的综合实力，提升学校在国内外的科研竞争力和影响力。学科交叉带来了新的研究领域和课题，为科研团队提供了更多的研究机会和方向。例如，农业技术与人工智能的结合，可以在智能农业机械、精准农业管理和农业大数据分析等方面形成新的科研热点，提升学校的科研水平和国际学术影响力。

二、学科交叉与科研创新体系建设的策略

学科交叉与科研创新体系建设是提升农业院校科研实力和学科发展的重要策略。通过建立跨学科研究平台、推动跨学科科研项目、打破学科壁垒、加强国际合作与交流以及培养跨学科创新人才，可以全面提升科研创新能力，推动学校的长远发展。

（一）建立跨学科研究平台

跨学科研究平台是学科交叉与科研创新的核心载体。跨学科研究中心可以集成不同学科的资源和力量，开展综合性和系统性的研究，解决农业领域的复杂问题，推动知识创新和技术进步。通过设立研究中心和实验室、配置先进科研设备和建设学科交叉数据库，可以为跨学科研究提供坚实的基础和有力的支持。

1. 跨学科研究中心

跨学科研究中心可以集成不同学科的资源和力量，开展综合性和系统性的研究，解决农业领域的复杂问题，推动知识创新和技术进步。例如，设立农业生物技术研究中心、智慧农业研究中心、生态农业研究中心等跨学科研究中心，集成多学科资源，开展综合性研究。此外，与国内外顶尖科研机构和大学联合建立实验室，推进跨学科和国际化科研合作。

2. 配置先进科研设备

购置和配置适应多学科研究需求的先进科研设备和仪器，提供高水平的实验条件和技术支持，是跨学科研究高效开展的重要保障，能够提升科研效率和研究水平。

3. 建设学科交叉数据库

建设多学科综合数据库，整合各学科的研究数据和资源，促进数据共享和知识融合。学科交叉数据库是跨学科研究的重要平台，为跨学科研究提供有力的支持。

（二）推动跨学科科研项目

跨学科科研项目是推动学科交叉和科研创新的重要途径。通过设立跨学科研究基金、推进重大科技专项和鼓励多学科团队合作，可以推动跨学科研究的深入开展，解决农业领域的关键技术和难题。

1. 设立跨学科研究基金

跨学科研究基金是支持跨学科研究的重要措施，通过设立专项基金，可以鼓励和支持教师和科研人员开展跨学科合作研究，推动跨学科科研项目的深入开展。学校可以设立专项跨学科研究基金，鼓励和支持各学科教师和科研人员合作申报跨学科科研项目。

2. 推进重大科技专项

重大科技专项是跨学科研究的重要方向，通过结合国家和地方重大战略需求，推进跨学科重大科技专项，可以解决农业领域的关键技术和难题，推动农业科技的进步和发展。结合国家和地方重大战略需求，推进跨学科重大科技专项，如粮食安全、生态保护、农村能源等。

3. 鼓励多学科团队合作

多学科团队合作是跨学科研究的重要形式，通过鼓励和支持不同学科的科研团队联合攻关，可以形成多学科协同创新的科研模式，提升科研水平和研究能力，解决农业领域的关键技术和难题。

（三）打破学科壁垒，创新科研管理机制

打破学科壁垒、创新科研管理机制是推动学科交叉和科研创新的重要保障。通过制定学科交叉管理办法、建立科研协同机制和优化科研评价体系，可以为跨学科研究提供制度保障和激励机制。

1. 制定学科交叉管理办法

学科交叉管理办法是跨学科研究的制度保障，通过制定和完善管理办法，可以明确学科交叉研究的目标、任务、管理流程和评价标准，确保学科交叉研究有序开展。

2. 建立科研协同机制

科研协同机制是推动学科交叉的重要手段，通过定期召开学术交流会、研讨会，可以促进不同学科的交流与合作，打破学科壁垒，推动学科交叉研究的深入开展。

3. 优化科研评价体系

科研评价体系是激励科研人员的重要机制，通过优化和完善评价体系，增加对跨学科研究成果的评价权重，可以激励教师和科研人员开展跨学科研究，提升科研水平和研究能力。

（四）加强国际合作与交流

国际合作与交流是提升学科交叉研究水平和国际化水平的重要途径。通过设立国际合作平台、实施国际联合培养和举办国际学术会议，可以促进国际学术交流与合作，提升学科交叉研究的国际化水平。

1. 设立国际合作平台

国际合作平台是促进国际学术交流的重要载体，通过设立国际合作平台，可以吸引国际顶尖科研团队和学者加入，提升学科交叉研究的国际化水平和研究能力。

2. 实施国际联合培养

国际联合培养是提升师生国际化水平的重要措施，通过开展国际联合培养项目，可以选派优秀教师和学生赴海外访学交流，提升其国际化科研能力，推动学科交叉研究的国际化发展。

3. 举办国际学术会议

国际学术会议是促进国际学术交流的重要形式，通过定期举办国际学术会议，邀请国内外知名专家学者分享最新研究成果，可以促进国际学术交流与合作，提升学科交叉研究的国际化水平。

（五）培养跨学科创新人才

培养跨学科创新人才是推动学科交叉和科研创新的基础。通过开设跨学科课程、实施双学位培养和设立跨学科创新实践，可以培养具备多学科知识和综合能力的复合型人才，满足现代农业发展对高层次创新人才的需求。

1. 开设跨学科课程

跨学科课程是培养复合型人才的重要手段，通过在本科和研究生阶段开设跨学科课程，可以培养学生的跨学科知识和综合能力，为农业领域的创新发展提供人才支持，如农业生物技术、智慧农业、生态农业等。

2. 实施双学位培养

双学位培养是提升学生综合能力的重要方式，通过开展双学位和联合学位培养项目，可以鼓励学生在多个学科领域进行学习和研究，培养具备多学科知识和综合能力的复合型人才。

3. 设立跨学科创新实践

跨学科创新实践是提升学生创新能力的重要途径，通过设立跨学科创新实践基地和实验班，组织学生参与跨学科研究项目和社会实践，可以提升学生的创新能力和实践能力，为农业领域的创新发展提供人才支持。

三、本节小结

学科交叉与科研创新体系是农业院校提升学科水平和科研能力的重要策略。通过建立跨学科研究平台，推动跨学科科研项目，打破学科壁垒和创新科研管理机制，加强国际合作与交流，培养跨学科创新人才，农业院校可以有效提升学科的核心竞争力和国际影响力。学科交叉与科研创新体系建设不仅有助于打破学科壁垒，实现资源共享和优势互补，还能推动知识创新和技术突破，为现代农业科技进步和可持续发展做出重要贡献。

第三节　科研成果转化与产业化

科研成果转化与产业化是农业院校学科建设的重要环节。通过有效的成果转化与产业化，科研成果不仅能更好地服务于农业生产和社会经济发展，还能推动学科的可持续发展和创新能力提升。

一、科研成果转化与产业化的意义

科研成果转化与产业化是农业院校重要的发展方向，不仅直接推动农业科技进步，还能服务社会经济发展、促进学科发展与创新，并提升学校的声誉与影响力。

（一）推动农业科技进步

农业科技进步是实现农业现代化的关键，通过科研成果的转化与产业化，可以将实验室的研究成果应用到实际生产中，迅速转化为实际生产力，可以优化农业生产流程，提高作物产量和质量，减少资源浪费，提升农业生产的整体效益，推动农业科技的进步和现代化。例如，通过转化先进的生物技术成果，可以培育出高产、抗病的农作物新品种，直接服务于农业生产，提高农产品的市场竞争力。

（二）服务社会经济发展

农业院校的科研成果不仅具有学术价值，更具备实用性，通过转化与产业化，可以直接服务于社会和经济的发展，解决农业和农村发展的实际问题，为农业生产提供了先进技术和管理模式，帮助农民提高生产效率和经济效益，推动农村经济的可持续发展。例如，通过推广节水灌溉技术和高效肥料，可以显著提高农业生产的资源利用效率，减少环境污染，提升农民的收入水平，推动农村经济的繁荣发展。

（三）促进学科发展与创新

科研成果的成功转化与产业化不仅带来显著的经济效益，还能反哺学科建设。通过产业化获得的经济收益，可以投入科研项目和基础设施建设中，支持更多的创新研究，提升学科的整体实力和竞争力。例如，科研成果转化带来的收益可以用于资助年轻科研人员的项目，改善实验室条件，购买先进仪器设备，推动学科的持续发展和创新能力的提升。

（四）提升学校声誉与影响力

成功的科研成果转化与产业化案例不仅体现了学校的科研实力，还能极大地提升学校的社会声誉和影响力，吸引更多的优秀人才和资源，形成良性循环。通过展示科研成果在实际生产中的应用效果和经济效益，可以增强社会对学校科研能力的认可和信任，吸引更多的企业和机构合作，获取更多的科研资源与资金支持。同时，成功的产业化案例也能吸引更多优秀的教师和学生加盟，提升学校的综合实力和创新能力。例如，通过成功转化农业科技成果并在市场上取得良好反响，可以提升学校在行业内的影响力和话语权，吸引更多的合作机会和优质资源。

二、科研成果转化与产业化的策略

科研成果转化与产业化是农业院校实现科技与经济互动的重要环节，通过建立健全成果转化机制、加强与企业的合作、推动产业化基地建设、优化知识产权管理以及提高科研人员的积极性，可以有效推动科研成果向实际生产力转化，提升学校的综合实力和社会影响力。

（一）建立健全成果转化机制

一个完善的成果转化机制是科研成果成功产业化的基础，通过设立成果转化与合作办公室、制定成果转化政策和建立成果评估体系，可以为科研成果的转化与产业化提供有力的制度保障和组织支持。

1. 设立成果转化与合作办公室

成果转化与合作办公室是推动科研成果转化的重要组织，通过成立专门的技术转移办公室，可以有效协调和管理科研成果的转化与产业化工作，确保各项工作有序进行。

2. 制定成果转化政策

科研成果转化政策是保障成果顺利转化的重要制度，通过制定和完善相关政策，可以明确成果转化的具体流程、责任分工和收益分配，保护科研人员的合法权益，激发科研人员的创新热情。

3. 建立成果评估体系

成果评估体系是确保科研成果具有实际应用价值的重要环节，通过建立科学合理的评估体系，可以对科研成果进行全面评估和筛选，确定那些具有转化和产业化潜力的成果，确保资源的合理配置和高效利用。

（二）加强与企业的合作

企业是科研成果转化与产业化的重要合作伙伴，通过建立产学研合作平台、设立合作研究项目和建立企业技术服务中心，可以促进学校与企业的紧密合作，共同推动科研成果的转化与应用。

1. 建立产学研合作平台

产学研合作平台是实现科研成果转化的重要桥梁，通过建立该平台，可以促进学校与企业在科研、技术和资源等方面的深度合作，共同推动科研成果的转化与产业化。

2. 设立合作研究项目

合作研究项目是产学研合作的重要形式，通过设立与企业合作的研究项目，可以针对农业生产中的关键问题开展研究，推动科研成果的转化应用，解决实际生产中的技术难题。

3. 建立农业技术服务中心

农业技术服务中心是服务农业、农村和农民的重要载体，通过设立该中心，可以为企业、农户提供技术咨询、培训和服务，加速科研成果的推广应用，提升企业和农户的技术水平和竞争力。

（三）推动产业化基地建设

1. 建设科研成果示范基地

科研成果示范基地是展示和推广科研成果的重要平台，通过建设示范基地，可以展示科研成果的实际应用效果，提升科研成果的影响力和市场认可度，促进其大规模推广应用。

2. 建立农业科技园区

农业科技园区是推动科研成果产业化的重要基地，通过在学校周边建立农业科技园区，可以集聚科研成果转化和产业化的资源和要素，形成产业集群效应，推动区域经济发展。

3. 支持创业孵化

创业孵化是推动科研成果产业化的重要途径，通过支持科研人员和学生创业，设立创业孵化器和创业基金，可以为科研成果的产业化应用提供全方位的支持，推动创新创业的发展。

（四）优化知识产权管理

知识产权是科研成果转化的重要保障，通过加强知识产权保护、建立知识产权管理体系和开展知识产权培训，可以提升科研成果的市场价值，保障科研人员和学校的合法权益。

1. 加强知识产权保护

知识产权保护是保障科研成果转化的重要措施，通过加强对科研成果的知识产权保护，申请专利、版权等，可以保障科研人员和学校的合法权益，提升科研成果的市场竞争力。

2. 建立知识产权管理体系

知识产权管理体系是规范知识产权管理的重要机制，通过建立健全管理体系，可以规范知识产权的申请、维护和转让流程，提升科研成果的市场价值，确保知识产权的高效管理和合理利用。

3. 开展知识产权培训

知识产权培训是提高科研人员和学生知识产权意识的重要手段，通过定期开展培训，可以提高科研人员和学生的知识产权意识和管理能力，促进科研成果的转化与产业化。

（五）提高科研人员的积极性

科研人员是科研成果转化的主体，通过制定激励政策、设立成果转化奖励基金和提供职业发展支持，可以激发科研人员的积极性，推动科研成果的高效转化和产业化。

1. 制定激励政策

激励政策是激发科研人员积极性的重要手段，通过制定科研成果转化激励政策，可以对在成果转化与产业化方面表现突出的科研人员给予奖励和支持，激发科研人员的积极性，推动科研成果的高效转化。

2. 设立成果转化奖励基金

成果转化奖励基金是鼓励科研人员参与成果转化的重要措施，通过设立奖励基金，可以对成功实现转化和产业化的科研成果给予资金奖励，激励更多科研人员参与成果转化，推动科研成果的广泛应用。

3. 提供职业发展支持

职业发展支持是提升科研人员职业发展的重要手段，通过提供职业发展支持，可以为有意向从事成果转化和产业化的科研人员提供培训、咨询和职业发

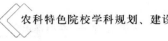

展规划，提升其职业发展空间和能力，推动科研成果的高效转化和产业化。

三、科研成果转化与产业化的完善和改进

科研成果转化与产业化是农业院校实现科技成果向生产力转化的重要途径，通过加强政策支持与引导、完善技术转移与服务体系、加强市场化运作与推广和提高科研人员的商业化能力，可以有效提升科研成果的转化效率和产业化水平。

（一）加强政策支持与引导

政策支持与引导是科研成果顺利转化与产业化的重要保障，通过国家和地方政策的支持以及学校政策的引导，可以提供必要的政策保障和资金支持，激励科研人员积极参与科研成果转化。

1. 国家和地方政策支持

政策支持是促进科研成果转化的重要手段，通过财政补贴、税收优惠、贷款支持等政策，可以降低科研成果转化与产业化的成本和风险，提升科研成果的市场竞争力，推动科技成果转化为实际生产力。国家和地方政府通常会制定和实施支持科研成果转化与产业化的政策，如财政补贴、税收优惠、贷款支持等，提供政策保障和资金支持。

2. 学校政策引导

学校政策引导是激发科研人员积极性的重要措施，通过制定和实施支持科研成果转化与产业化的政策，如成果转化奖励、知识产权保护、技术转移支持等，可以为科研人员提供政策引导和激励，促进科研成果的高效转化与产业化。

（二）完善技术转移与服务体系

技术转移与服务体系是科研成果向市场转化的重要桥梁，通过建立专业化的技术转移中心并开展技术服务，可以提升科研成果转化的效率和成功率，推动科研成果的广泛应用和产业化发展。

1. 建立技术转移中心

技术转移中心是推动科研成果转化的重要组织，通过建立专业化的技术转移中心，可以提供技术评估、市场调研、商业化运作等全流程服务，提升科研成果转化的效率和成功率，促进科研成果的市场化应用。

2. 开展技术服务

技术服务是推动科研成果应用的重要手段，通过为企业和社会提供技术咨询、培训和服务，可以推动科研成果的推广应用和产业化发展，提升科研成果的市场认可度和影响力。

（三）加强市场化运作与推广

市场化运作与推广是科研成果转化为生产力的重要环节，通过引入市场机制和建立推广网络，可以提升科研成果的市场化水平和覆盖范围，推动科研成果的广泛应用和产业化发展。

1. 引入市场机制

市场机制是科研成果转化的重要驱动力，通过引入市场机制，推动科研成果的市场化运作，可以通过与企业的合作，提升科研成果的市场应用和推广效果，促进科研成果的广泛应用和产业化发展。

2. 建立推广网络

推广网络是科研成果市场化的重要平台，通过建立科研成果的推广网络，可以通过示范基地、科技园区、农民培训等多种途径，提升科研成果的推广效果和覆盖范围，促进科研成果的广泛应用和市场化发展。

（四）提高科研人员的商业化能力

科研人员是科研成果转化与产业化的主体，通过开展商业化培训和提供创业支持，可以提高科研人员的商业化运作和管理能力，促进科研成果的高效转化和产业化应用。

1. 开展商业化培训

商业化培训是提升科研人员能力的重要手段，通过定期开展商业化培训，可以提高科研人员的商业化运作和管理能力，提升科研成果的市场化水平和产业化潜力，促进科研成果的高效转化和广泛应用。

2. 提供创业支持

创业支持是激发科研人员创新创业积极性的重要措施，通过提供创业培训、咨询和资金支持，可以为有意创业的科研人员和学生提供全方位支持，推动科研成果的商业化应用和产业化发展。

四、本节小结

科研成果转化与产业化是农业院校学科建设的重要环节。通过建立健全成果转化机制、加强与企业合作、推动产业化基地建设、优化知识产权管理、提高科研人员的积极性，农业院校可以有效推动科研成果的转化与产业化，提升农业生产的科技水平和效益。科研成果转化与产业化不仅有助于服务社会经济发展，提升学校的声誉和影响力，还能促进学科的持续发展和创新能力的提升。

第七章 课程体系与教学改革

第一节 课程体系优化与创新

课程体系的优化与创新是农业院校提升教学质量、培养高素质人才和增强学科竞争力的重要策略。一个科学合理、富有创新性的课程体系，不仅能满足学生全面发展的需求，还能适应现代农业科技和产业发展的趋势。

一、课程体系优化与创新的意义

课程体系的优化与创新是农业院校提升教育质量和培养高素质人才的重要手段。通过科学合理的课程设置，可以有效提升教学质量、培养创新型人才、适应学科发展趋势以及增强国际竞争力。

（一）提升教学质量

提升教学质量是课程体系优化与创新的核心目标，通过有效整合教学资源和合理配置课程内容，可以在教学方法、教学内容和教学效果等方面实现全面提升，为学生提供更高水平的教育。通过优化课程体系，可以将现有的教学资源进行整合，避免重复和资源浪费，合理配置课程内容，使每门课程都能最大限度地发挥其教育功能，提高课堂教学的效果，从而全面提升整体教学质量。

（二）培养创新型人才

在现代农业科技和产业发展的背景下，培养具备创新思维和实践能力的人才是农业院校教育的重要任务。课程体系的创新包括引入跨学科课程、实践课程以及项目式学习等教学模式，可以培养学生的创新思维和解决实际问题的能力，促进学生在知识、能力和综合素质等方面的全面发展，以满足现代农业科技和产业对高素质创新人才的需求。

（三）适应学科发展趋势

学科的发展是动态的，不断有新的研究成果和技术突破，课程体系的优化与创新需要及时反映这些变化，使教学内容紧跟学科前沿和产业需求，培养具有前瞻性的专业人才。通过定期更新课程内容，引入最新的研究成果和技术进展，可以使学生掌握学科发展的最新动态，了解行业的前沿问题和发展趋势，从而提高他们的学科素养和专业竞争力，增强学科的整体竞争力。

（四）增强国际竞争力

在全球化背景下，提升学生的国际视野和国际竞争力是高校教育的重要目标。国际化课程和教学模式包括双语教学、引进国外先进课程、与国际知名高校合作办学等，可以使学生在学习过程中接触到国际前沿的知识和技术，拓展他们的国际视野和跨文化交流能力，从而增强他们的国际竞争力，促进学校的国际化发展和国际合作。

二、课程体系优化与创新的策略

课程体系的优化与创新对农业院校的学科建设至关重要。通过科学规划课程结构、更新课程内容、创新教学方法、推动课程国际化以及培养教师队伍，可以全面提升课程体系的科学性、前沿性、实用性和国际化水平，培养适应现代农业科技和产业发展的高素质人才。

（一）科学规划课程结构

科学规划课程结构是课程体系优化与创新的基础，通过合理设置课程模块和优化课程比例，可以确保课程体系的科学性和合理性，为学生提供全面、系统的知识体系，推动他们全面发展。

1. 合理设置课程模块

基础课程模块。基础课程是学生掌握其他专业知识的前提，通过设置扎实的基础课程模块，可以为学生提供必要的科学素养和分析能力。设置涵盖数学、化学、生物学等基础学科的课程，为学生打好扎实的学科基础。

专业课程模块。专业课程是学生未来从事相关工作的关键，通过设置与专业方向紧密相关的课程，可以确保学生掌握核心知识和技能，具备专业竞争力。

选修课程模块。选修课程的多样性可以满足学生的不同兴趣和个性化需求，促进其综合素质和个性化发展的提升。

实践课程模块。实践课程是培养学生动手能力和应用技能的重要环节，通过设置丰富的实践课程，可以提升学生的实践能力和解决实际问题的能力。

2. 优化课程比例

合理规划基础课程、专业课程、选修课程和实践课程的比例，确保课程体系的科学性和合理性。通过科学合理的课程比例规划，可以确保各类课程在课程体系中的协调和互补，做到理论与实践相结合，全面提升课程体系的整体水平。

（二）更新课程内容

课程内容的前沿性和实用性是课程体系优化与创新的重要方面，通过引入最新科研成果、关注产业需求和融合跨学科知识，可以确保课程内容的先进性和应用性，培养学生的综合能力和创新意识。

1. 引入最新科研成果

将学科领域最新的科研成果和技术进展引入课程内容，确保课程内容的前沿性和先进性，可以让学生掌握学科发展的最新动态，提升他们的专业素养和创造力。

2. 关注产业需求

根据现代农业产业发展的需求，更新和调整课程内容，确保课程内容的实用性和应用性，培养学生解决实际问题的能力，提升他们的就业竞争力。

3. 融合跨学科知识

融合生物技术、信息技术、环境科学等跨学科知识，拓宽课程内容的广度和深度，培养学生的综合能力和跨学科思维，提升他们应对复杂问题的能力。

（三）创新教学方法

教学方法的创新是提升教学质量和学生学习效果的重要途径，通过实施探究式教学、开展项目式学习、应用信息化教学手段和加强实践教学，可以激发学生的学习兴趣，培养他们的创新思维和实践能力。

1. 实施探究式教学

采取探究式教学方法，鼓励学生自主学习和解决问题，提升学生的创新思维和实践能力。

2. 开展项目式学习

开展项目式学习，通过实际项目的研究和实践，培养学生的团队合作能力和项目管理能力。

3. 应用信息化教学手段

应用慕课（MOOC）、翻转课堂、虚拟仿真等信息化教学手段，可以使教学更加生动并加强互动性，提升教学效果和学生的学习兴趣。

4. 加强实践教学

实践教学是培养学生实践能力和应用技能的重要环节，通过建立校内外实践基地和开展实习、实验、社会实践等活动，可以有效提升学生的实践能力和应用技能。

（四）推动课程国际化

在全球化背景下，课程的国际化对提升学生的国际视野和国际竞争力具有重要意义，通过引进国际课程、开展国际合作和实施双语教学，可以提升课程的国际化水平，培养具备国际交流能力的高素质人才。

1. 引进国际课程

通过引进国际先进的课程内容和教学模式，可以使学生接触到国际前沿的知识和技术，拓宽他们的国际视野，提升他们的专业素养。

2. 开展国际合作

通过实施国际合作办学项目，可以与海外高校联合开设课程，提升课程的国际化水平和影响力，促进学校的国际化发展和交流合作。

3. 实施双语教学

在部分课程中实施双语教学，提高学生的外语水平和国际交流能力，使他们具备更强的国际竞争力和跨文化理解能力。

（五）培养教师队伍

教师是课程体系优化与创新的关键，通过开展教学培训、鼓励教师科研和引进高层次人才，可以提升教师的教学能力和科研水平，推动课程体系的整体提升。

1. 开展教学培训

通过定期开展教学培训，可以提高教师的教学能力和课程开发能力，使他们能够更好地适应课程体系的优化与创新需求。

2. 鼓励参与科研项目

鼓励教师参与科研项目，可以将最新的科研成果融入课程内容，提升课程的前沿性和实用性，使教学内容更加丰富和具有吸引力。

3. 引进高层次人才

通过引进国内外高层次人才，可以充实教师队伍，提升课程体系的整体水平和国际化水平，为课程的优化与创新提供强有力的师资保障。

三、课程体系优化与创新的完善和改进

课程体系的优化与创新是一个持续不断的过程，需要根据学科前沿动态和产业发展的变化不断进行调整和改进。通过持续更新课程内容、加强教学方法创新、提升教师教学能力以及加强学生反馈与评价，可以确保课程体系的前沿性、实用性和有效性，为学生提供高质量的教育体验。

（一）持续更新课程内容

课程内容的持续更新是保持课程体系前沿性和实用性的关键。通过跟踪学科前沿动态和关注产业发展，可以及时调整课程内容，确保课程内容始终具有先进性和应用性，满足学生和产业的需求。

1. 跟踪学科前沿

通过定期跟踪学科前沿动态，可以掌握最新的研究成果和技术进展，及时

将这些新知识和新技术融入课程内容，使学生能够学习到前沿的知识和技能，提升课程的吸引力和竞争力。

2. 关注产业发展

农业产业的发展是动态的，课程内容需要根据产业需求进行更新和调整，以确保学生掌握的知识和技能能够满足产业发展的实际需求，提高他们的就业竞争力和职业适应能力。

（二）加强教学方法创新

教学方法的持续创新是提升教学效果和课程体系创新性的关键。通过推广优秀教学案例和开展教学研讨，可以不断探索和实践新的教学方法，提升整体教学水平，增强学生的学习体验和效果。

1. 推广优秀教学案例

通过总结和推广在实际教学中取得良好效果的教学案例和经验，可以为其他教师提供参考和借鉴，提升整体教学水平，促进课程体系的创新和发展。

2. 开展教学研讨

通过定期组织教学研讨会，教师可以交流和分享教学方法和经验，探讨教学过程中遇到的问题和解决办法，推动教学方法的持续创新和改进，提升教学效果。

（三）提升教师教学能力

教师是课程体系的核心，通过持续开展教学培训和建立教学激励机制，可以提升教师的教学能力和课程开发能力，激发他们的教学积极性和创新性，推动课程体系的整体提升。

1. 持续开展教学培训

通过持续开展教学培训，可以帮助教师提升教学能力和课程开发能力，使他们能够更好地适应课程体系的优化与创新需求，提升整体教学水平。

2. 建立教学激励机制

通过建立和完善教学激励机制，可以对在教学工作中表现突出的教师给予奖励和支持，激发他们的教学积极性和创新性，推动课程体系的持续优化和创新。

（四）加强学生反馈与评价

学生是课程体系的直接受益者，通过建立学生反馈机制和优化课程评价体系，可以及时了解学生的需求和意见，科学评估课程质量和效果，推动课程体系的持续优化和创新。

1. 建立学生反馈机制

通过建立学生反馈机制，可以定期收集学生对课程内容、教学方法等方面的意见和建议，及时了解他们的需求和期望，为课程体系的调整和改进提供参考，提升课程的有效性和学生满意度。

2. 优化课程评价体系

通过优化课程评价体系，可以科学评估课程质量和效果，综合考虑学生反馈、教学效果、学习成果等多个因素，为课程体系的持续优化和创新提供科学依据，确保课程体系的质量和水平。

四、本节小结

课程体系的优化与创新是农业院校提升教学质量、培养高素质人才和增强学科竞争力的重要策略。通过科学规划课程结构、更新课程内容、创新教学方法、推动课程国际化和培养教师队伍，农业院校可以有效提升课程体系的整体水平和学生的综合素质，培养具有国际视野和创新能力的高素质人才。课程体系的优化与创新不仅有助于提升教学质量和学生的学习效果，还能适应现代农业科技和产业发展的需求，推动学科的可持续发展和创新能力的提升。

第二节　教学模式改革与实践

教学模式改革与实践是农业院校提升教学质量、培养创新型人才和适应现代农业发展需求的重要途径。通过科学合理的教学模式改革，可以提高学生的学习兴趣和效果，培养他们的创新思维和实践能力。

一、教学模式改革的意义

教学模式改革在农业院校的学科建设中具有重要意义。通过提升教学质量、培养创新型人才、适应信息化发展和促进学科交叉与融合，可以全面提升教学效果，满足现代农业科技和产业发展的需求。

（一）提升教学质量

教学质量是教育成效的核心指标，直接影响学生的学习效果和未来发展。通过教学模式改革，可以丰富教学手段和方法，提高课程的吸引力和教学效果，从而提升学生的学习积极性和效果。通过引入多样化的教学手段，如情景模拟、互动教学、案例分析等，使课堂教学更加生动有趣。丰富的教学方法可以激发学生的学习兴趣，提高他们的注意力和参与度，从而提升学习效果和课程质量。

（二）培养创新型人才

适应现代农业科技和产业发展的需要，培养具有创新思维和实践能力的人才是农业院校的关键任务。通过教学模式改革，可以培养学生的创新思维、实践能力和解决问题的能力，适应现代农业科技和产业发展的需求。教学模式改革通过引入项目式学习、探究式教学和跨学科课程等方法，可以激发学生的创新思维，增强他们的实践能力和解决实际问题的能力，使他们能够更好地应对现代农业科技和产业发展的挑战。

（三）适应信息化发展

信息技术的发展为教育提供了新的平台和工具，使教学更加便捷和高效。通过教学模式改革，应用现代信息技术手段，可以提升教学的互动性和灵活性，满足学生多样化的学习需求。现代信息技术的发展为教学模式改革提供了新的平台和手段，通过信息化教学手段的应用，可以提升教学的互动性和灵活性。通过应用慕课（MOOC）、翻转课堂、虚拟仿真等信息化教学手段，可以提高教学的互动性和灵活性，优化学生的学习体验，使教学更加个性化和高效。

（四）促进学科交叉与融合

现代农业的发展需要多学科的交叉与融合，通过设计跨学科课程和项目，鼓励学生在学习过程中进行多学科知识的整合和应用，培养他们的综合能力和跨学科思维，使他们具备应对复杂问题的能力。

二、教学模式改革与实践的策略

教学模式改革与实践是提升教育质量、培养高素质人才的重要途径。通过实施探究式教学模式、项目式学习模式、信息化教学模式、实践教学模式和跨学科融合教学模式，可以全面提升学生的学习体验和综合能力，适应现代农业发展的需求。

（一）探究式教学模式

探究式教学模式是一种以学生为中心的教学方法，旨在通过引导学生自主探究和解决实际问题，培养他们的创新思维和实践能力。通过设置探究任务和开展探究性实验，可以提升学生的自主学习能力和科研能力。

1. 实施探究式学习

探究式学习通过提出有挑战性的问题，引导、案例分析和实验设计等方式，鼓励学生自主探究和解决实际问题，提升学生的创新思维和实践能力，培养他们的批判性思维和创新能力。

2. 设置探究任务

设置与课程内容相关的探究任务或项目，学生可以在独立思考和团队合作中提升自主学习能力和团队合作能力，培养解决复杂问题的能力。

3. 开展探究性实验

在实验课程中引入探究性实验，鼓励学生设计实验方案、进行实验操作和分析实验结果，培养他们的实验技能和科研能力，使他们具备更强的科学素养和实践能力。

（二）项目式学习模式

项目式学习模式是一种以项目为驱动的教学方法，通过将课程内容与实际项目结合，提升学生的综合应用能力和实践能力。通过组建项目团队和开展项目展示，可以提升学生的团队合作和项目管理能力。

1. 实施项目驱动

通过项目驱动的方式，将课程内容与实际项目结合，要求学生在项目中运用所学知识和技能，提升学生的综合应用能力和实践能力。

2. 组建项目团队

通过组建多学科背景的项目团队，学生可以在团队中分工合作，共同完成项目任务，提升团队合作和项目管理能力，培养跨学科思维和综合解决问题的能力。

3. 开展项目展示

通过项目展示和评比活动，学生可以展示项目成果，进行项目汇报和答辩，提升表达和沟通能力，培养他们的自信心和表现力。

（三）信息化教学模式

信息化教学模式通过应用现代信息技术手段，提升教学的互动性和灵活性，满足学生多样化的学习需求。通过应用慕课、实施翻转课堂和应用虚拟仿真技术，可以提供丰富的在线学习资源和互动学习体验。

1. 应用慕课

通过引入和开发慕课课程，提供丰富的在线学习资源，使学生可以根据自己的学习节奏和兴趣进行自主学习，提升信息化学习能力和自主学习能力。

2. 实施翻转课堂

在翻转课堂模式中，学生通过在线学习课前自主学习课程内容，课堂上进行互动交流、问题讨论和案例分析，提升课堂教学效果，使教学更加灵活和高效。

3. 应用虚拟仿真技术

应用虚拟仿真技术，开展虚拟实验、模拟操作和情景教学，为学生提供更加直观和互动的学习体验，使他们能够在虚拟环境中进行实践操作，提升实践能力和学习效果。

（四）实践教学模式

实践教学模式通过建设校内外实践基地、实施"双导师"制和开展社会实践活动，提升学生的实践能力和应用技能，使他们能够更好地适应实际生产和科研需求。

1. 建设校内外实践基地

通过建设和完善校内外实践基地，为学生提供丰富的实习和实践机会，使他们能够在真实环境中进行实践操作，提升实践能力和应用技能。

2. 实施"双导师"制

实施"双导师"制，由校内导师和企业导师共同指导学生的实践和项目，确保学生在实际生产和科研中成长，提升他们的实践能力和职业素养。

3. 开展社会实践

组织学生参与社会实践活动，如农业生产基地实习、科技下乡和社会调研等，提升学生的社会责任感和实际工作能力，使他们能够更好地服务社会和农业产业发展。

(五) 跨学科融合教学模式

跨学科融合教学模式通过开设跨学科课程、实施跨学科项目和开展学科交叉研讨，促进不同学科之间的交叉与融合，培养学生的综合能力和跨学科思维，适应现代农业复杂问题的解决需求。

1. 开设跨学科课程

开设融合生物技术、信息技术、环境科学等多学科知识的课程，培养学生的综合能力和跨学科思维，使他们能够更好地应对现代农业的复杂问题。

2. 实施跨学科项目

组织和实施跨学科项目，鼓励学生在项目中应用多学科知识和技能，提升综合解决问题的能力，使他们具备更强的创新能力和适应能力。

3. 开展学科交叉研讨

定期开展学科交叉的学术研讨会和讲座，促进不同学科之间的交流与合作，拓宽学生的学术视野，使他们具备更广阔的知识面和创新思维。

三、教学模式改革与实践的完善和改进

教学模式改革与实践的完善和改进是确保教学改革取得实效的重要保障。通过完善教学管理体系、加强教师培训与发展、加强学生反馈与参与以及加强资源保障与支持，可以确保教学模式改革的有序推进和持续改进，从而提升教学质量和效果。

(一) 完善教学管理体系

一个科学合理的教学管理体系是教学模式改革顺利推进的基础。通过制定教学改革方案和建立教学评价体系，可以明确改革目标和实施步骤，科学评估改革效果，确保教学改革的有序推进和持续改进。

1. 制定教学改革方案

制定和实施教学改革方案，明确教学模式改革的目标、任务和实施步骤，

为教学模式改革提供清晰的方向和操作指南，确保教学改革的有序推进。

2. 建立教学评价体系

通过建立科学合理的教学评价体系，可以对教学模式改革的效果进行全面评估，根据评估结果及时调整和改进教学模式，确保改革措施的有效性和持续改进。

（二）加强教师培训与发展

教师是教学模式改革的关键主体，通过加强教师培训和鼓励教师创新，可以提升教师的教学能力和课程开发能力，确保教学模式改革的整体水平和效果。

1. 开展教学培训

通过定期开展教学培训，教师可以学习到新的教学方法和手段，提升他们的教学能力和课程开发能力，为教学模式改革提供有力支持。

2. 鼓励教师创新

通过鼓励教师在教学中进行创新，探索和实践新的教学方法和手段，可以提升教学质量和效果，激发教师的教学积极性和创造力。

（三）加强学生反馈与参与

学生是教学模式改革的直接受益者，通过加强学生反馈与参与，可以及时了解学生的需求和意见，提升他们的参与感和积极性，为教学模式的改进提供有价值的参考。

1. 建立学生反馈机制

通过建立学生反馈机制，可以定期收集学生对教学模式的意见和建议，及时了解他们的需求和期望，为教学模式的调整和改进提供重要参考。

2. 鼓励学生参与教学改革

通过鼓励学生参与教学改革，开展教学改革的讨论和研讨活动，可以提升学生的参与感和积极性，使他们更加积极主动地参与教学过程，促进教学模式的持续改进。

（四）加强资源保障与支持

教学资源和资金支持是教学模式改革顺利实施的重要保障。通过提供丰富的教学资源和足够的资金支持，可以确保教学模式改革的顺利推进和持续发展。

1. 提供教学资源

提供丰富的教学资源，如教材、实验设备、信息化教学平台等教学资源，可以为教学模式改革提供必要的物质保障，保障教学模式改革的顺利实施。

2. 提供资金支持

通过提供资金支持，设立教学改革专项基金，可以支持教师开展教学模式改革的研究和实践，激励他们积极参与教学改革，为教学模式的创新和改进提供有力支持。

四、本节小结

教学模式改革与实践是农业院校提升教学质量、培养创新型人才和适应现代农业发展需求的重要途径。通过实施探究式教学、项目式学习、信息化教学、实践教学和跨学科融合教学等多种教学模式，农业院校可以有效提升学生的学习效果和综合能力，培养具有创新思维和实践能力的高素质人才。教学模式改革与实践不仅有助于提升教学质量和学生的学习效果，还能推动学科的可持续发展和创新能力的提升。

第三节 教学质量保障体系建设

教学质量保障体系建设是农业院校提升教育质量、培养高素质人才和增强学科竞争力的关键环节。一个科学、系统的教学质量保障体系能够确保教学过程的规范性和有效性，提升教学效果，满足社会对高素质农业人才的需求。

一、教学质量保障体系建设的意义

教学质量保障体系建设是农业院校提升教学水平和培养高素质人才的重要措施。通过确保教学质量、提升学生培养质量、增强学科竞争力和满足社会需求，可以全面提升学校的教育教学效果和社会影响力。

（一）确保教学质量

教学质量是农业院校教育成效的核心指标，是确保学校教育目标实现的关键。通过系统、科学的质量保障体系，可以确保教育教学各环节的规范性和有效性，能够系统地对教学过程进行监控和评价，确保教学计划的顺利实施和教学目标的达成，从而提升整体教学质量。

（二）提升学生培养质量

培养高素质人才是农业院校的重要使命，学生培养质量直接关系到学校的办学水平和社会声誉。通过完善教学质量保障体系，可以不断优化课程设置和教学内容，采用多样化的教学方法，提高教学效果，使学生能够掌握先进的农业知识和技能，全面提升学生的培养质量。

（三）增强学科竞争力

学科竞争力是农业院校学术水平和社会影响力的重要体现。通过建设科学的质量保障体系，可以提升学科的整体水平和竞争力，增强学校的学术地位和吸引力，促进学校的全面发展。质量保障体系通过对教学和科研工作的系统管理和评估，能够促进学科的持续改进和创新，提升学科的整体水平和竞争力，使学校在学术界和社会上获得更多的认可和更大的影响力。

（四）满足社会需求

农业院校培养的人才应符合社会发展和产业需求，只有这样，才能真正体现农业院校教育的价值和作用。通过科学的质量保障体系，学校可以及时了解社会和产业的需求，调整和优化人才培养方案，确保培养的人才具有扎实的专业知识和实际应用能力，为社会发展和农业科技进步提供有力支持。

二、教学质量保障体系建设的策略

教学质量保障体系建设在农业院校中具有重要意义，是提升教育质量、培养高素质人才、增强学科竞争力和满足社会需求的关键措施。通过制定科学的标准与规范、完善教学管理体系、加强教师队伍建设、优化课程体系与教学方法以及加强学生反馈与评价，可以全面提升学校的教学质量和教育水平。

（一）制定科学的标准与规范

科学的标准与规范是教学质量保障的基础，通过明确教学目标、制定课程标准和建立质量标准，可以确保教学内容和教学方法的针对性、科学性和规范性，推动教学活动的有序开展和有效实施。

1. 明确教学目标

根据学科特点和培养目标，科学制定各课程的教学目标，有助于教师在教学过程中有的放矢，确保教学内容和教学方法能够紧密围绕学科特点和学生培养目标展开，提高教学的针对性和科学性。

2. 制定课程标准

通过制定详细的教学大纲和课程标准，明确各门课程的内容、教学重点和难点以及考核方式，可以确保课程设置的规范性和科学性，为教师和学生提供清晰的教学指引。

3. 建立质量标准

建立各教学环节的质量标准，包括课程设计、课堂教学、实验实习、论文指导等，确保教学活动的有序开展和高效实施，提高教学质量。

（二）完善教学管理体系

教学管理体系是保障教学质量的重要支撑，通过建立管理机构、制定管理制度和开展质量监控，可以系统管理和监控教学活动，及时发现和解决教学中的问题，确保教学活动的规范性和有效性。

1. 建立管理机构

建立教学质量保障管理机构，如教学质量监控中心，可以系统管理和监控教学活动，负责教学质量的评估和改进，确保教学活动的规范性和有效性。

2. 制定管理制度

制定和完善教学质量管理制度，包括教学计划管理、课程管理、教师管理、学生管理等，确保教学过程的规范性和科学性，为教学质量的提升提供制度保障。

3. 开展质量监控

建立教学质量监控体系，定期开展教学检查、听课评课、学生反馈等，及时发现和解决教学中的问题，确保教学质量的持续提升。

（三）加强教师队伍建设

教师是教学活动的核心主体，加强教师队伍建设是提升教学质量的重要措施。通过提升教师能力、激励教师创新和引进高层次人才，可以不断充实和优化教师队伍，提升教学水平和学科竞争力。

1. 提升教师能力

通过定期开展教师培训，提升教师的教学能力和科研水平，使他们能够掌握最新的教学方法和科研成果，提升教学质量和课程内容的前沿性。

2. 激励教师创新

通过制定和实施教师激励政策，鼓励教师在教学方法和课程设计方面进行创新，可以提升教学效果和质量，激发教师的教学积极性和创造力。

3. 引进高层次人才

通过引进和培养高层次人才，可以充实教师队伍，提升教学水平和学科竞争力，为学校的发展提供强有力的人才支持。

（四）优化课程体系与教学方法

课程体系和教学方法是教学活动的核心要素，通过优化课程设置、创新教学方法和加强实践教学，可以提升课程内容的先进性和适用性，增强教学效果和学生的学习兴趣。

1. 优化课程设置

根据学科发展和社会需求，优化课程设置，可以确保课程内容的先进性和适用性，使学生能够学习到最新的农业知识和技能，提升他们的综合素质。

2. 创新教学方法

探索和应用多种教学方法，如探究式教学、项目式学习、翻转课堂等，提升教学效果和学生的学习兴趣，使教学活动更加生动和有效，激发学生的学习积极性和创造力。

3. 加强实践教学

加强实践教学环节，建设和完善校内外实习基地，提升学生的实践能力和综合素质，使他们能够将理论知识应用于实际操作中，增强他们的就业竞争力。

（五）加强学生反馈与评价

学生反馈与评价是教学质量保障的重要环节，通过建立学生反馈机制和优化学生评价体系，可以及时了解和回应学生的需求和意见，提升教学质量和学生的综合素质。

1. 建立学生反馈机制

通过建立和完善学生反馈机制，可以定期收集学生对课程内容、教学方法、教学管理等方面的意见和建议，及时了解学生的需求和期望，为教学工作的调整和改进提供参考。

2. 优化学生评价体系

优化学生评价体系，综合考虑学生的学术能力、实践能力、创新能力等，多维度评价学生的学习效果和综合素质，全面提升学生的培养质量。

三、教学质量保障体系建设的实施步骤

教学质量保障体系建设是农业院校提升教育质量和培养高素质人才的重要举措。通过系统的实施步骤，包括前期调研与规划、制定标准与规范、建立管理机构与体系、实施培训与宣传以及开展质量监控与评估，可以确保教学质量保障体系的有效建设和持续改进。

（一）前期调研与规划

前期调研与规划是教学质量保障体系建设的基础步骤，通过调研了解国内外先进经验和做法，分析学校的实际情况和需求，制定科学合理的总体规划，为后续工作奠定坚实基础。

1. 开展调研

开展关于教学质量保障体系的调研，了解国内外先进经验和做法，结合学校的实际情况和需求，为制定科学合理的总体规划提供有力支持。

2. 制定规划

在充分调研的基础上，制定详细的总体规划，明确建设目标、任务和实施步骤，为教学质量保障体系的建设提供清晰的方向和操作指南。

（二）制定标准与规范

制定标准与规范是教学质量保障体系建设的关键环节，通过制定科学的质量标准和完善管理制度，可以确保教学过程的规范性和科学性，为质量保障体系的有效运行提供制度保障。

1. 制定质量标准

通过制定详细的质量标准和要求，可以规范各教学环节的操作流程，确保教学过程的规范性和科学性，提高教学质量。

2. 编制管理制度

通过编制和完善教学质量管理制度，可以规范教学管理的各个方面，确保教学质量保障体系的有效运行和持续改进。

（三）建立管理机构与体系

建立管理机构与体系是教学质量保障体系建设的重要保障，通过成立专门的管理机构和建立科学的监控体系，可以系统管理和监控教学活动，确保教学质量保障工作的有序开展和持续提升。

1. 成立管理机构

通过成立专门的教学质量保障管理机构，明确各部门的职责分工，可以系统管理和监控教学活动，确保教学质量保障工作的有序开展和高效实施。

2. 建立监控体系

通过建立科学的教学质量监控体系，制定详细的监控计划和措施，可以系统监控教学活动的各个环节，及时发现和解决教学中的问题，确保教学质量的持续提升。

（四）实施培训与宣传

实施培训与宣传是教学质量保障体系建设的重要环节，通过开展教师培训和加强宣传，可以提高教师的质量意识和实施能力，提高全校师生对教学质量保障体系的认识和参与度，促进体系的有效运行。

1. 开展教师培训

通过开展教师培训，可以提高教师对教学质量保障体系的认识和理解，提升他们的质量意识和实施能力，为体系的有效运行提供有力支持。

2. 加强宣传

通过多种途径加强宣传，可以提高全校师生对教学质量保障体系的认识和理解，增强他们的参与度和积极性，促进体系的有效运行和持续改进。

（五）开展质量监控与评估

开展质量监控与评估是教学质量保障体系建设的重要环节，通过定期的监控和评估，可以及时发现和解决教学中的问题，全面评估教学质量，指导教学工作的改进和提升。

1. 实施质量监控

定期开展教学质量监控工作，通过听课、检查、评估等方式，可以及时了解教学活动的实际情况，发现和解决教学中的问题，确保教学质量的提升。

2. 开展质量评估

定期开展教学质量评估工作，通过学生评价、教师自评、专家评估等多维度评估教学质量，可以全面评估教学质量，形成详细的评估报告，为教学工作的改进和提升提供科学依据。

四、教学质量保障体系建设的完善和改进

教学质量保障体系的建设是一个持续改进的过程，需要不断完善和优化，以适应学科前沿和社会需求的变化，提升教学质量和学生培养水平。

（一）持续改进质量标准

教学质量标准是教学质量保障体系的核心，通过持续跟踪学科前沿和关注农业产业的发展需求，可以不断更新和调整质量标准，确保其前沿性、科学性和实用性，从而提升教学质量和学生培养效果。

1. 跟踪学科前沿

通过持续跟踪学科前沿动态，了解最新的研究成果和技术进展，可以及时更新和调整教学质量标准，确保其内容的前沿性和科学性，保持教学内容与学科发展的同步。

2. 关注社会需求

通过持续关注农业产业的发展需求和变化，及时调整和完善教学质量标准，确保其内容的实用性和应用性，使学生能够掌握与时俱进的农业技术和知识，满足社会和产业的需求。

（二）加强教师培训与发展

教师是教学活动的核心主体，通过持续开展教师培训和建立激励机制，可以提升教师的教学能力和课程开发能力，激发他们的积极性和创新性，从而提升整体教学质量和课程内容的前沿性。

1. 持续开展培训

通过持续开展教师培训，可以不断提升教师的教学能力和课程开发能力，使他们能够掌握最新的教学方法和科研成果，提升教学质量和课程内容的前沿性。

2. 建立激励机制

通过建立和完善教师激励机制，对在教学质量保障工作中表现突出的教师给予奖励和支持，可以激发教师的积极性和创新性，促进他们在教学方法和课程设计方面不断探索和改进。

（三）加强学生参与与评价

学生是教学活动的直接受益者，通过深化学生反馈机制和优化评价体系，可以广泛收集学生对教学质量的意见和建议，全面评价学生的学习效果和综合素质，确保评价的科学性和公正性，提升教学质量和学生培养效果。

1. 深化学生反馈机制

通过深化学生反馈机制，广泛收集学生对教学质量的意见和建议，可以及时了解学生的需求和期望，及时反馈和改进教学工作，提升教学质量。

2. 优化评价体系

通过优化学生评价体系，可以从多维度评价学生的学习效果和综合素质，确保评价的科学性和公正性，为教学改进和学生培养提供科学依据。

（四）加强资源保障与支持

资源保障是教学质量保障体系有效运行的重要支撑，通过提供丰富的教学资源和资金支持，可以确保教学质量保障体系的有效运行和持续改进，不断提升教学质量和学生培养水平。

1. 提供教学资源

提供丰富的教学资源，如教材、实验设备、信息化教学平台等，可以保障教学质量保障体系的有效运行，使教师和学生能够充分利用各种资源，提升教学质量和学习效果。

2. 提供资金支持

通过提供资金支持，设立教学质量保障专项基金，可以支持教学质量保障体系的建设和持续改进，为各项改进措施的实施提供有力的资金保障。

五、本节小结

教学质量保障体系建设是农业院校提升教育质量、培养高素质人才和增强学科竞争力的关键环节。通过制定科学的标准与规范、完善教学管理体系、加强教师队伍建设、优化课程体系与教学方法、加强学生反馈与评价等多种策略，农业院校可以有效构建和完善教学质量保障体系，确保教学过程的规范性和有效性，提升整体教学质量和学生的培养质量。教学质量保障体系建设不仅有助于提升教学效果和学生的学习效果，还能推动学科的可持续发展和创新能力的提升。

第八章 学科国际化与合作交流

第一节 学科国际化的发展路径

学科国际化是农业院校提升学术影响力、培养国际化人才和增强竞争力的重要战略。通过学科国际化，可以促进学术交流与合作，提升科研水平，拓宽学生的国际视野，满足全球化背景下对高素质农业人才的需求。

一、学科国际化的重要意义

学科国际化在提升学术影响力、培养国际化人才、增强科研水平和满足全球化需求等方面具有重要意义。通过加强国际学术交流与合作，农业院校可以提升自身的学术声誉和影响力，培养具有国际视野和创新能力的高素质人才，引进先进的科研方法和技术，推动学科的发展和创新。同时，学科国际化还能够促进全球农业科技的进步和可持续发展，为解决全球农业发展面临的共同挑战提供新思路和新方法。

（一）提升学术影响力

在全球化的背景下，学科的国际化是提升学校在国际学术界影响力和知名度的重要途径。通过与国际顶尖院校和研究机构的合作，可以提升学校的学术声誉，吸引更多的国际优秀学者和学生交流和学习，推动学科的持续发展和创新。同时，国际化交流可以促进学术资源和研究成果的共享，提升学校在国际学术界的影响力和知名度。

（二）培养国际化人才

在全球化背景下，培养具有国际视野和跨文化交流能力的高素质人才是农业院校的重要任务。通过引进国际化课程，使学生能够接触到国际前沿的知识和技术；通过实施国际交流项目，可以让学生有机会前往国外学习和实习，拓宽他们的国际视野，提升跨文化交流能力和国际竞争力，培养具有全球视野和创新能力的高素质农业人才。

（三）增强科研水平

科研水平的提升是学科发展的重要推动力。与国际顶尖研究机构和学者的合作可以引进先进的科研方法和技术，提升科研水平和创新能力。国际化的科研合作还可以促进多学科交叉研究，推动学科的发展和进步，为解决农业领域的重大科学问题提供新思路和新方法。

（四）满足全球化需求

全球化背景下，农业领域面临许多共同的挑战和问题。通过加强国际合作与交流，可以共享全球农业技术和经验，共同应对全球农业发展面临的挑战，如粮食安全、气候变化和可持续发展等问题。学科国际化不仅可以推动全球农业科技的进步，还能促进各国在农业领域的政策协调和技术协作，共同推动全球农业的可持续发展。

二、学科国际化的发展路径

学科国际化的发展路径包括引进国际化课程与教学资源、开展国际学术交流与合作、推动师资队伍国际化、推动学生国际化培养以及加强国际化科研合作。这些路径为农业院校的学科国际化提供了全面的指导，通过这些措施，可以提升学校的国际化水平和学术影响力，培养具有全球视野和创新能力的高素质人才，推动学科的可持续发展和创新。

（一）引进国际化课程与教学资源

课程和教学资源的国际化是推动学科国际化的重要路径，通过引进国际先进的课程内容、双语教学以及国外优质教材，可以丰富课程体系，拓宽学生的国际视野和提升跨文化交流能力，培养具有全球竞争力的人才。

1. 引进国际先进课程

通过引进国际先进的课程内容和教学模式，可以使学生接触到最新的国际农业科技和管理理念，丰富课程体系，提升课程的国际化水平，拓宽学生的国际视野。

2. 双语教学与外语课程

通过开设双语教学课程和外语课程，可以提升学生的外语水平和跨文化交流能力，帮助他们更好地适应国际化的学习和工作环境，培养具有国际竞争力的人才。

3. 引进国外教材和教学资源

通过引进国外优质教材和教学资源，可以确保课程内容的前沿性和国际化水平，使学生能够学习和掌握国际最新的农业科技和管理知识。

（二）开展国际学术交流与合作

国际学术交流与合作是提升学科国际化水平和学术影响力的重要途径。通过建立国际合作关系、举办国际学术会议和引进国际专家学者，可以促进学术思想和科研成果的交流与合作，提升学科的国际化水平。

1. 建立国际合作关系

通过与国际知名院校和科研机构建立合作关系，开展联合科研项目、学术交流、师生互访等活动，可以提升学科的国际化水平和学术影响力，促进学术资源和研究成果的共享。

2. 举办国际学术会议

通过举办和参与国际学术会议，可以搭建学术交流平台，促进学术思想和科研成果的交流与合作，提升学校的国际学术声誉和影响力。

3. 引进国际专家学者

通过引进国际知名专家学者，聘请国际讲座教授、客座教授等，可以提升学科的国际化水平和科研能力，为学校引入最新的国际学术思想和科研方法。

（三）推动师资队伍国际化

师资队伍的国际化是学科国际化发展的关键。通过选派教师出国交流、引进海外高层次人才和开展国际化教师培训，可以提升教师的国际化水平和科研能力，促进国际学术交流与合作。

1. 选派教师出国交流

通过选派优秀教师赴国外交流访学，可以提升教师的国际化水平和科研能力，促进国际学术交流与合作，推动学科的国际化发展。

2. 引进海外高层次人才

引进海外高层次人才，通过"千人计划""高等学校学科创新引智计划"等，引进国际知名学者和专家，可以提升师资队伍的国际化水平，增强学校在国际学术界的竞争力和影响力。

3. 开展国际化教师培训

通过开展国际化教师培训，可以提高教师的外语水平、国际化教学能力和科研水平，提升教学和科研的国际化水平，为学科的国际化发展提供有力支持。

（四）推动学生国际化培养

学生的国际化培养是学科国际化的重要组成部分。通过开展国际交流项目、设立国际化奖学金和开设国际化课程与项目，可以拓宽学生的国际视野、提升其跨文化交流能力，培养具有国际竞争力和综合素质的高素质人才。

1. 开展国际交流项目

开展学生国际交流项目，如交换生项目、联合培养项目、国际实习项目等，可以让学生有机会前往国外学习和实习，拓宽他们的国际视野、提升其跨文化交流能力，培养具有国际竞争力的高素质人才。

2. 设立国际化奖学金

通过设立国际化奖学金，可以资助优秀学生赴国外交流学习，支持他们参与国际学术交流和科研合作，提升学生的国际竞争力和综合素质。

3. 开设国际化课程与项目

开设国际化课程和项目，如国际班、双学位项目等，可以使学生接受国际化的教育，提升他们的国际竞争力和综合素质，培养具有全球视野和创新能力的高素质人才。

（五）加强国际化科研合作

国际化科研合作是提升科研水平和推动学科发展的重要途径。通过开展联合科研项目、建设国际联合实验室和推进科研成果国际化，可以促进国际科研合作，提升科研水平和创新能力。

1. 开展联合科研项目

通过与国际知名科研机构和院校开展联合科研项目，可以促进国际科研合作，提升科研水平和创新能力，为解决农业领域的重大科学问题提供新思路和新方法。

2. 建设国际联合实验室

通过建设国际联合实验室，可以共享科研资源和平台，促进国际科研合作，推动学科的国际化发展，提升科研能力和水平。

3. 推进科研成果国际化

通过推动科研成果国际发表，鼓励教师和学生在国际顶尖期刊发表论文，可以提升科研成果的国际影响力，增强学校在国际学术界的声誉和竞争力。

三、学科国际化发展路径的完善与改进

学科国际化的发展路径包括持续提升课程国际化水平、深化国际学术交流与合作、加强师资队伍国际化建设、推动学生国际化培养以及加强国际化科研合作。通过这些路径的完善与改进，可以提升学校的国际化水平和学术影响力，培养具有全球视野和创新能力的高素质人才，推动学科的可持续发展和创新。

（一）持续提升课程国际化水平

课程的国际化水平直接影响学生的国际视野和综合素质。通过引进国际先进课程和更新课程内容，可以确保课程的前沿性和国际化水平，满足学生的学

习需求和社会发展需求，培养具有全球竞争力的人才。

1. 引进和开发更多国际课程

通过引进和开发更多国际先进课程，可以丰富课程体系，让学生接触到最新的国际农业科技和管理理念，提升课程的国际化水平，培养具有全球视野的高素质人才。

2. 加强课程内容更新

通过持续更新课程内容，可以确保课程内容的前沿性和国际化水平，使学生能够学习到最新的国际农业科技和研究成果，满足学生的学习需求和社会发展需求。

（二）深化国际学术交流与合作

国际学术交流与合作是学科国际化的重要支撑。通过拓展合作渠道和加强国际学术交流平台建设，可以深化与国际知名院校和科研机构的合作，促进学术思想和科研成果的交流与合作，提升学科的国际化水平和国际影响力。

1. 拓展合作渠道

通过拓展和深化与更多国际知名院校和科研机构的合作渠道，可以开展更多形式的学术交流与合作，提升学科的国际化水平，促进学术资源和研究成果的共享。

2. 加强国际学术交流平台建设

通过建设和完善国际学术交流平台，可以搭建一个高效的学术交流渠道，促进学术思想和科研成果的交流与合作，提升学科的国际影响力。

（三）加强师资队伍国际化建设

师资队伍的国际化水平直接影响教学和科研的国际化发展。通过扩大教师交流规模和完善引才机制，可以提升教师的国际化水平和科研能力，吸引更多国际知名学者和专家，增强师资队伍的国际竞争力。

1. 扩大教师交流规模

通过扩大教师出国交流的规模和范围，可以提升教师的国际化水平和科研能力，促进国际学术交流与合作，推动学科的国际化发展。

2. 完善引才机制

通过完善引才机制和政策，可以吸引更多国际知名学者和专家加入，提升师资队伍的国际化水平，增强学校在国际学术界的声誉和影响力。

（四）推动学生国际化培养

学生的国际化培养是学科国际化的核心目标之一。通过增加国际交流项目和优化国际化课程设置，可以为学生提供更多的国际交流和学习机会，拓宽他们的国际视野、提升其跨文化交流能力，培养具有全球竞争力的高素质人才。

1. 增加国际交流项目

通过增加和丰富学生国际交流项目，可以为更多学生提供国际交流和学习的机会，拓宽他们的国际视野、提升其跨文化交流能力，培养具有国际竞争力的高素质人才。

2. 优化国际化课程设置

通过优化国际化课程设置，可以确保课程内容的前沿性和实用性，使学生能够学习到最新的国际农业科技和管理知识，提升他们的国际竞争力和综合素质。

（五）加强国际化科研合作

国际化科研合作是提升科研水平和推动学科发展的重要手段。通过建立更多国际联合实验室和推动科研成果国际发表，可以共享科研资源和平台，提升科研水平和国际影响力，推动学科的国际化发展。

1. 建立更多国际联合实验室

通过建立和完善更多国际联合实验室，可以共享科研资源和平台，促进国际科研合作，提升科研水平和能力，推动学科的国际化发展。

2. 推动科研成果国际发表

通过推动科研成果在国际顶尖期刊发表，可以提升科研成果的国际影响力和学术水平，增强学校在国际学术界的声誉和竞争力。

四、本节小结

学科国际化是农业院校提升学术影响力、培养国际化人才和增强竞争力的重要战略。通过引进国际化课程与教学资源、开展国际学术交流与合作、推动师资队伍国际化、推动学生国际化培养和加强国际化科研合作等多种路径，农业院校可以有效推进学科的国际化发展，提升整体学术水平和国际影响力。学科国际化不仅有助于提升教学质量和学生的培养质量，还能推动学科的可持续发展和创新能力的提升。

第二节　国际合作项目与资源共享

国际合作项目与资源共享是农业院校提升科研水平、推动学科发展和培养国际化人才的重要手段。通过国际合作与资源共享，可以促进学术交流、提升科研创新能力、优化资源配置，满足全球农业领域的共同需求。

一、国际合作项目与资源共享的重要意义

在全球化和科技迅速发展的背景下，国际合作项目与资源共享在农业院校

的学科建设中起到了至关重要的作用。通过国际合作，可以提升科研水平、推动学科发展、培养国际化人才、优化资源配置，甚至共同应对全球农业面临的重大挑战。这些方面的意义不仅体现在学术进步上，更在于对整个农业领域的长远和可持续发展具有深远影响。

（一）提升科研水平

科研水平的提升是学科发展的核心动力。通过与国际顶尖科研机构开展合作项目，可以引进先进的科研方法和技术，借鉴国际先进经验，提升科研水平和创新能力，为解决农业领域的复杂问题提供新思路和新方法。

（二）推动学科发展

学科发展不仅需要在自身领域内精耕细作，还需要跨学科的交流与融合。通过国际合作项目，可以促进不同学科之间的互相学习和借鉴，推动学科的交叉与融合，促进学科的全面发展和持续进步。

（三）培养国际化人才

培养具有国际视野和跨文化交流能力的人才是农业院校的一项重要任务。通过国际合作项目和资源共享，可以为学生和教师提供更多的国际交流和学习机会，培养具有国际视野和跨文化交流能力的人才。

（四）优化资源配置

科研资源的有限性和高价值使得资源的优化配置显得尤为重要。通过国际合作项目，可以共享实验室设备、数据和科研平台，提升资源利用效率，降低科研成本，实现资源配置的优化和最大化利用，推动科研工作的顺利开展。

（五）解决全球农业问题

当下，全球农业领域面临着许多复杂的挑战，如粮食安全、环境保护和可持续发展等。通过国际合作，可以共同研究和解决这些问题，推动全球农业科技进步。

二、国际合作项目与资源共享的主要内容

国际合作项目与资源共享在农业院校学科建设中扮演着重要角色。这些合作不仅有助于提升科研和教学水平，还可以促进学术交流、资源共享和创新发展。通过深入开展联合科研项目、国际学术交流、共建国际联合实验室、师生交流以及国际培训与教育合作，农业院校可以更好地应对全球农业面临的挑战，推动学科的全面进步和国际化发展。

（一）联合科研项目

联合科研项目是国际合作的重要组成部分。通过与国际知名科研机构和院校开展合作研究，可以共同探讨和解决农业领域的重大科学问题和技术难题，实现技术引进与交流，提升科研水平和创新能力，同时实现科研成果的共享和

推广。

1. 合作研究

与国际知名科研机构和院校合作开展联合科研项目，可以结合不同机构的优势和专长，共同探讨并解决农业领域面临的复杂问题和技术瓶颈，推动科研进步。

2. 技术引进与交流

引进国际先进的科研方法和技术，通过合作研究实现技术交流和创新，提升科研水平和创新能力。

3. 科研成果共享

共享和推广联合科研项目的成果，实现科研资源和成果的共同利用和最大化利用，使更多科研人员受益，推动科技进步和农业发展。

（二）国际学术交流

国际学术交流是学术思想和科研成果传播的重要途径。通过举办和参与学术会议、开展学术访问和合作出版，可以促进学术思想的交流与合作，提升学术水平和国际影响力。

1. 学术会议

主办、协办和参与国际学术会议，搭建学术交流平台，可以汇聚全球顶尖学者，交流最新的研究成果和学术思想，推动学术创新和科研合作。

2. 学术访问

选派教师和学生赴国外知名院校和科研机构进行学术访问和交流，可以拓宽教师和学生的国际视野，提升他们的学术水平和科研能力，促进国际学术交流。

3. 合作出版

与国际学术机构合作出版学术刊物和图书，可以推广科研成果，提升本校在国际学术界的声誉和影响力，推动学术研究的发展。

（三）国际联合实验室

国际联合实验室是国际科研合作的重要平台。通过共建实验室，共享科研资源和平台，可以提升科研水平，促进学科交叉与融合，推动科研创新和学科发展。

1. 共建实验室

与国际知名院校和科研机构共建国际联合实验室，共享科研平台和资源，提升科研水平和国际合作能力，推动学科发展。

2. 资源共享

共享国际联合实验室的科研设备、实验数据和研究成果，可以实现科研设备和数据的利用最大化，提高科研效率，推动科研工作的顺利开展。

3. 科研合作

通过在国际联合实验室中开展联合科研项目，可以促进学科交叉与融合，推动科研创新，提升学科的国际竞争力。

（四）国际师生交流

国际师生交流是培养国际化人才的重要途径。通过开展交换生项目、联合培养项目和教师交流，可以为学生和教师提供更多的国际交流和学习机会，拓宽他们的国际视野、提升其跨文化交流能力。

1. 国际交换生项目

通过国际交换生项目，可以让学生有机会前往国外学习和交流，拓宽他们的国际视野、提升其跨文化交流能力，培养具有国际竞争力的高素质人才。

2. 联合培养项目

与国际知名院校合作开展联合培养项目，如双学位项目、联合博士培养项目等，可以为学生提供更高水平的国际化教育，培养具有国际竞争力的高素质人才。

3. 教师交流

选派优秀教师赴国外交流访学，拓宽教师的国际化视野、提升其科研能力，促进国际学术交流与合作，推动学科的国际化发展。

（五）国际培训与教育合作

国际培训与教育合作是提升教学能力和课程内容国际化水平的重要途径。通过开展教师培训、学生培训和课程合作，可以引进和推广国际先进的教学方法和理念，提升教学能力和课程内容的国际化水平，满足学生的学习需求。

1. 教师培训

开展国际化教师培训，引进和推广国际先进的教学方法和理念，提升教师的教学能力和课程内容的国际化水平，推动教学改革和创新。

2. 学生培训

开展国际化学生培训，如国际夏令营、短期培训项目等，拓宽学生的国际视野、提升其综合素质，培养具有全球竞争力的高素质人才。

3. 课程合作

与国际知名院校合作开发和开设国际化课程，提升课程内容的前沿性和国际化水平，满足学生的学习需求。

三、国际合作项目与资源共享的实施步骤

国际合作项目和资源共享的实施需要系统的规划和有效的执行步骤。通过前期调研与规划，建立合作关系与机制，开展项目合作与交流，以及资源共享与推广，可以确保合作项目的顺利实施和预期成果的实现。这些步骤互相衔

接、环环相扣，共同推动农业院校学科的国际化建设和创新发展。

（一）前期调研与规划

前期调研与规划是国际合作项目的基础。通过深入调研国内外先进经验，了解学校的实际情况和需求，可以为后续的实施提供科学的依据和明确的方向。制定详细的规划可以确保合作项目目标明确、任务清晰、步骤合理，促进项目有序推进。

1. 调研分析

开展关于国际合作项目与资源共享的调研，可以掌握国内外在国际合作项目与资源共享方面的成功经验和具体做法，为制定适合学校实际情况的合作方案提供依据。

2. 制定规划

根据调研结果，制定国际合作项目与资源共享的总体规划，明确合作目标、任务和实施步骤，为项目的顺利推进奠定基础。

（二）建立合作关系与机制

建立稳固的合作关系和完善的合作机制是确保国际合作项目顺利实施的重要保障。通过与国际知名院校和科研机构签订合作协议，明确合作内容和责任分工，同时建立科学的项目管理机制、资源共享机制和利益分配机制，可以有效推动合作项目的实施和成果的共享。

1. 建立合作关系

与国际知名院校和科研机构建立合作关系，签订合作协议，明确合作内容、责任和权利，建立长期稳定的合作关系，确保合作项目顺利实施。

2. 建立合作机制

建立和完善国际合作机制，如项目管理机制、资源共享机制、利益分配机制等，可以规范合作项目的管理和运行，确保资源的共享和利益的合理分配，推动合作项目的顺利实施。

（三）开展合作项目与交流

开展具体的合作项目和学术交流是国际合作的核心环节。通过实施联合科研项目、组织和参与国际学术会议、建设国际联合实验室等，可以推动学科的发展和科研创新。同时，通过教师和学生的国际交流与访问，可以提升他们的国际化水平和学术能力，促进学术思想和科研成果的交流与合作。

1. 实施合作项目

根据合作协议，实施联合科研项目、国际学术交流、国际联合实验室建设等，确保合作项目的顺利实施和成果产出，可以推动学科的研究和创新，促进国际学术合作，提升科研水平。

2. 开展学术交流

举办和参与国际学术会议，可以搭建国际学术平台，开展教师和学生的国际交流与访问，促进学术思想的碰撞和科研成果的交流，推动学术创新和科研合作。

（四）资源共享与推广

资源共享与推广是国际合作项目的重要成果。通过实现科研设备、数据和研究成果的共享，可以提升资源利用效率，推动科研工作的进展。同时，通过合作出版、举办学术会议等方式，可以推广合作项目的科研成果，提升学术影响力和社会效益，为学校的学科建设和发展提供有力支持。

1. 实现资源共享

通过国际联合实验室、合作研究等，实现科研设备、实验数据和研究成果的共享，可以实现资源利用最大化，提升科研效率，推动科研工作顺利开展。

2. 推广合作成果

通过合作出版、学术会议等，推广国际合作项目的科研成果，可以提升学校的学术声誉和影响力，推动科研成果的应用和转化，产生更大的社会效益。

四、国际合作项目与资源共享的完善与改进

国际合作项目的顺利实施需要不断地完善与改进。通过持续深化合作、加强合作机制建设和推动资源共享与推广，可以提升国际合作项目的质量和效果，确保资源的高效利用和科研成果的广泛应用。这些措施不仅有助于提升农业院校的国际化水平，还能推动学科的持续发展和创新。

（一）持续深化合作

深化合作是国际合作项目得以顺利发展的关键。通过拓展更多国际合作伙伴和深化合作内容，可以提升合作的深度和广度，实现更丰富和多样化的合作形式，推动合作项目取得更大的成果。

1. 拓展合作伙伴

持续拓展国际合作伙伴，建立更多与国际知名院校和科研机构的合作关系，提升合作的广度和深度。

2. 深化合作内容

通过深化和丰富合作内容，可以推动更多形式的合作，如联合科研项目、学术交流、师生互访等，实现合作的多样化和深入化，提升合作的实效。

（二）加强合作机制建设

完善和加强合作机制是确保国际合作项目顺利实施的重要保障。通过持续完善合作机制和加强合作管理，可以提升合作项目的管理水平和执行效果，确保项目的顺利实施和成果的高质量产出。

1. 完善合作机制

持续完善国际合作机制，如项目管理机制、资源共享机制、利益分配机制等，可以确保合作项目在各个环节的顺利实施，规范资源的共享和利益的分配，提升项目的管理水平和执行效果。

2. 加强合作管理

加强国际合作项目的管理，建立项目评估和反馈机制，可以及时发现和解决合作过程中出现的问题，提升合作的质量和效果，确保项目顺利实施。

（三）推动资源共享与推广

推动资源共享与推广是国际合作项目的重要目标之一。通过优化资源配置和推动科研成果的推广应用，可以提升资源利用效率，降低科研成本，扩大科研成果的社会影响力和经济效益，实现更大的社会价值。

1. 优化资源配置

优化国际合作项目中的资源配置，提升资源利用效率，降低科研成本，实现资源的利用最大化，推动科研工作的高效完成。

2. 推广合作成果

推动国际合作项目的科研成果在国内外的推广应用，提升科研成果的社会效益和影响力，使更多的科研成果得以转化和应用，产生更大的社会价值。

五、本节小结

国际合作项目与资源共享是农业院校提升科研水平、推动学科发展和培养国际化人才的重要手段。通过联合科研项目、国际学术交流、国际联合实验室、国际师生交流和国际培训与教育合作等多种途径，农业院校可以有效推进国际合作与资源共享，提升整体科研水平和国际化水平。国际合作项目与资源共享不仅有助于提升教学质量和学生的培养质量，还能推动学科的可持续发展和创新能力的提升。

第三节　留学生教育与培养

留学生教育与培养是农业院校提升国际化水平、增强学术影响力和培养全球化人才的重要战略。通过科学系统的教育与培养体系，农业院校可以为留学生提供高质量的教育资源和学习体验，培养具有国际视野和专业能力的高素质农业人才。

一、留学生教育与培养的重要意义

留学生教育与培养在农业院校的国际化进程中具有至关重要的地位。通过吸引和培养来自世界各地的留学生，不仅能够提升学校的国际化水平，还能带来更多的学术交流机会、培养全球化人才，并且丰富校园文化。这些方面共同作用，推动学校的全面发展和国际合作。

（一）提升国际化水平

国际化是现代高等教育发展的重要趋势。招收和培养留学生不仅可以增加学校的国际化元素，创造全球化的学习和研究氛围，还能够增强学校在国际学术界的影响力和知名度。通过吸引更多留学生，学校的全球声誉和国际竞争力将显著提升。

（二）增强学术交流

学术交流是推动科研创新和学科发展的重要途径。留学生的引入为中外学术思想和科研成果的交流搭建了桥梁，促进了国际科研合作和学术创新，为学科发展带来新的活力。留学生带来的多元学术背景和科研视角，可以激发新的学术思想和研究方向，促进中外学术界的交流和合作，共同推动学科发展。

（三）培养全球化人才

在全球化背景下，培养具有国际视野和跨文化交流能力的高素质农业人才已成为迫切需求。通过国际化的教育与培养体系，学校能够为学生提供丰富的国际学习和研究机会，可以培养具有国际视野、跨文化交流能力和专业素养的高素质农业人才，满足全球化背景下对农业人才的需求。

（四）丰富校园文化

校园文化的多样性是大学精神的重要体现。留学生带来的各种文化和生活方式，不仅丰富了校园文化，还为本地学生提供了了解和体验不同文化的机会，促进了文化的交流与融合，提升了学生的跨文化理解和包容能力。通过与留学生的交往和互动，本地学生可以体验和学习不同文化的独特魅力，提升跨文化交流能力、拓宽全球视野，形成更加包容和开放的校园文化氛围。

二、留学生教育与培养的策略

制定科学的策略是提升留学生教育与培养质量的关键。通过科学的招生与培养方案、提供优质的教学资源与服务、开展丰富的学术与文化交流活动、提供完善的生活与心理支持以及推动留学生与本地学生的融合，可以全面提升留学生的教育质量和学习体验，促进他们全面发展。

（一）制定科学的招生与培养方案

科学的招生与培养方案是留学生教育的基础。通过明确招生标准、制定个性化的培养计划和设置指导机制，可以确保招收到高质量的留学生，并为他们提供系统而科学的培养和支持，确保其在学术和个人方面的发展。

1. 明确招生标准

根据学科特点和培养目标，制定科学的留学生招生标准，确保招生质量和生源多样性，提升学校的国际化水平和学术声誉。

2. 制定培养计划

根据留学生的学术背景和学习需求，制定个性化的培养计划，确保培养过程的科学性和系统性，从而实现培养目标。

3. 设置指导机制

为留学生配备专业导师和学业指导老师，提供学术指导和支持，帮助他们解决学习过程中遇到的问题，提升学术水平和科研能力，确保学习过程的顺利进行。

（二）提供优质的教学资源与服务

优质的教学资源与服务是留学生教育的重要保障。通过开设国际化课程、提供语言支持和优化教学方法，可以提升留学生的学习效果和学习兴趣，确保其在学习过程中获得良好的教育体验和学术成果。

1. 开设国际化课程

开设符合国际标准的专业课程和通识课程，可以为留学生提供前沿的学术知识和广阔的学习视野，提升其学术水平和国际竞争力。

2. 提供语言支持

开设留学生语言课程和语言培训班，可以帮助留学生克服语言障碍，提升留学生的语言能力，确保其顺利适应学习和生活环境。

3. 优化教学方法

应用多样化的教学方法，如探究式教学、项目式学习等，可以激发留学生的学习兴趣和创造力，提升教学效果和学习质量。

（三）开展丰富的学术与文化交流活动

丰富的学术与文化交流活动是提升留学生综合素质的重要途径。通过组织学术讲座、开展文化交流活动和支持学生社团，可以拓宽留学生的学术视野和文化理解，提升其综合素质和跨文化交流能力。

1. 组织学术讲座

定期邀请国内外知名学者举办学术讲座，可以为留学生提供与国内外知名学者交流和学习的机会，拓宽留学生的学术视野，提升其学术水平和科研能力。

2. 开展文化交流活动

组织多样化的文化交流活动，如国际文化节、文化沙龙等，可以为留学生提供了解和体验不同文化的机会，促进文化交流与融合，提升跨文化理解能力。

3. 支持学生社团

支持留学生成立和参与各类学生社团，可以为留学生提供丰富的课外活动，提升其综合素质和跨文化交流能力，促进其全面发展。

（四）提供完善的生活与心理支持

完善的生活与心理支持是确保留学生顺利适应学习和生活环境的重要保障。通过提供生活服务、开展心理辅导和加强安全保障，可以帮助留学生解决生活中的实际问题和心理困扰，确保其身心健康。

1. 提供生活服务

提供完善的生活服务，如住宿安排、医疗保障、餐饮服务等，可以帮助留学生解决生活中的实际问题，确保其生活便利和舒适。

2. 开展心理辅导

设置心理辅导中心，提供心理健康咨询和辅导，可以帮助留学生解决心理困扰，提升心理健康水平，应对学习和生活中的各种压力和挑战。

3. 加强安全保障

加强校园安全管理，提供安全教育和防护措施，确保留学生的安全和健康，为其提供一个安全的学习和生活环境。

（五）推动留学生与本地学生的融合

推动留学生与本地学生的融合是提升校园文化多样性和留学生适应能力的重要措施。通过开展联合项目、组织混合课堂和建立帮扶机制，可以促进留学生与本地学生的合作与交流，提升双方的学习效果和文化理解。

1. 开展联合项目

开展留学生与本地学生的联合项目，如科研课题、社会实践等，可以为留学生和本地学生提供合作和交流的平台，促进双方的学习和合作。

2. 组织混合课堂

组织留学生与本地学生的混合课堂，可以增强课堂互动，提升学习效果，促进留学生与本地学生的文化交流和理解。

3. 建立帮扶机制

建立本地学生帮扶留学生的机制，如学业帮扶、生活帮扶等，可以帮助留学生更快地适应学习和生活环境，提升其学习效果和适应能力。

三、留学生教育与培养的完善与改进

随着全球化进程的不断推进，留学生教育与培养需要不断优化和改进，以适应新的挑战和需求。通过优化招生与培养方案、提升教学资源与服务质量、丰富学术与文化交流活动、加强生活与心理支持以及深化留学生与本地学生的融合，可以全面提升留学生的教育质量，促进其全面发展。

（一）持续优化招生与培养方案

1. 细化招生标准

招生与培养方案是留学生教育的基础，优化这些方案能够确保招收到优质生源，并为其提供科学且灵活的培养计划。根据学科发展和社会需求，细化留学生招生标准，确保招生质量和生源多样性。

2. 动态调整培养计划

根据留学生的学习反馈和发展需求，动态调整培养计划，确保培养过程的科学性和灵活性。

（二）提升教学资源与服务质量

教学资源与服务质量直接影响留学生的学习效果和体验。通过引进国际先进课程、加强语言支持和创新教学方法，可以提升课程内容的前沿性和国际化水平，确保留学生获得优质的教育资源和服务。

1. 引进国际先进课程

持续引进和开发国际先进课程，丰富课程体系，可以提升课程的多样性和前沿性，为留学生拓宽学术视野。

2. 加强语言支持

通过加强语言课程和培训，可以帮助留学生克服语言障碍，提升语言能力，确保其顺利适应学习和生活。

3. 创新教学方法

通过不断创新教学方法，如探究式教学、项目式学习等，可以提升教学效果和学生的学习兴趣。

（三）丰富学术与文化交流活动

学术与文化交流活动是提升留学生综合素质的重要途径。通过拓展交流渠道和提升活动质量，可以为留学生提供更多的交流机会，丰富其学习和生活体验，促进学术创新和文化融合。

1. 拓展交流渠道

通过拓展交流渠道，如国际学术会议、合作研究项目等，可以为留学生提供更多参与和展示的机会。

2. 提升交流活动质量

通过优化活动组织和内容设计，精心策划和组织高质量的学术讲座、文化交流活动和学生社团，可以提升活动的效果和影响力，增强留学生的学术水平和文化理解能力。

（四）加强生活与心理支持

生活与心理支持是确保留学生顺利适应学习和生活的重要保障。通过提升生活服务质量、加强心理健康教育和强化安全保障，可以帮助留学生解决生活中的实际问题和心理困扰，确保其身心健康。

1. 提升生活服务质量

通过提供高质量的生活服务，如优质的住宿、医疗保障和餐饮服务等，可以确保留学生的生活质量。

2. 加强心理健康教育

通过心理健康教育和辅导，可以帮助留学生应对学习和生活中的压力，提升心理健康水平，确保其身心健康。

3. 强化安全保障

通过强化校园安全管理和提供安全教育，可以确保留学生的人身安全和健康，为其提供一个安全的学习和生活环境。

（五）深化留学生与本地学生的融合

留学生与本地学生的融合是提升校园文化多样性和学生适应能力的重要措施。通过拓展联合项目、优化混合课堂设计和完善帮扶机制，可以促进留学生与本地学生的合作与交流，提升双方的学习效果和文化理解。

1. 拓展联合项目

通过更多的联合项目，如科研课题、社会实践等，可以为留学生和本地学生提供更多合作和交流的机会，提升学习效果和文化理解。

2. 优化混合课堂设计

优化留学生与本地学生的混合课堂设计，可以增强课堂互动，提升学习效果，促进留学生与本地学生的文化交流和理解。

3. 完善帮扶机制

通过建立和完善帮扶机制，如学业帮扶、生活帮扶等，可以帮助留学生更快地适应学习和生活环境，提升学习效果和适应能力。

四、本节小结

留学生教育与培养是农业院校提升国际化水平、增强学术影响力和培养全球化人才的重要战略。通过制定科学的招生与培养方案、提供优质的教学资源与服务、开展丰富的学术与文化交流活动、提供完善的生活与心理支持和推动留学生与本地学生的融合等多种策略，农业院校可以有效提升留学生教育与培养的质量和效果。留学生教育与培养不仅有助于提升学校的国际化水平和学术影响力，还能促进中外学术思想和文化的交流与融合，为全球农业科技进步和可持续发展培养更多优秀的国际化人才。

第三部分
学 科 评 估

  本部分系统探讨学科评估的基本理论与方法、实施步骤与反馈以及案例分析。通过阐述学科评估的理论基础和构建科学合理的指标体系，介绍学科评估的方法与工具，为开展学科评估提供理论依据和操作指南。详细描述学科评估的实施步骤，数据收集与分析的方法，以及评估结果的反馈与应用，确保评估工作科学、有效地进行。通过典型院校学科评估案例的分析，总结经验与教训，并探讨这些案例对我国农业院校的启示，为农业院校改进学科建设和提升学科水平提供宝贵的参考和借鉴。

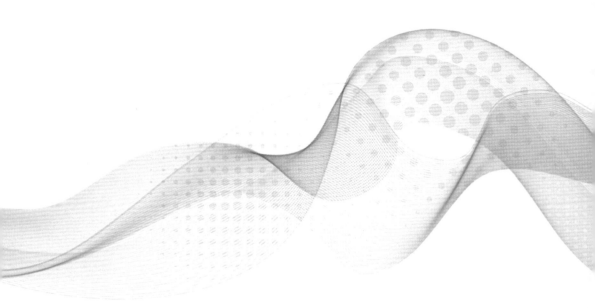

第九章 学科评估的基本理论与方法

第一节 学科评估的理论基础

学科评估是农业院校提升学科建设水平、优化资源配置、促进学科发展的重要手段。科学的学科评估体系可以帮助农业院校全面了解学科现状、找出存在的问题和薄弱环节，从而制定有针对性的改进措施，提升学科竞争力。

一、学科评估的定义与目的

学科评估是高等教育质量保障体系中不可或缺的一环。通过科学的评估方法和标准，对农业院校的学科进行系统的评价和分析，不仅可以明确学科的当前水平和发展潜力，还能够发现存在的问题和瓶颈，为学科建设和发展提供重要的决策依据。

（一）定义

学科评估是指通过一定的科学方法和评价标准，对农业院校的学科进行系统的评价和分析，评估学科的整体水平、发展潜力和存在的问题，从而为学科建设和发展提供依据。

（二）目的

学科评估不仅是对学科现状的诊断，更是推动学科发展的重要手段。通过系统的评估工作，可以明确学科的优势和不足，优化资源配置，促进学科的可持续发展，为农业院校管理者提供科学的决策依据。

1. 提升学科水平

学科评估可以帮助农业院校发现学科的优势及劣势，针对存在的问题提出具体改进措施，从而提升学科的整体水平和竞争力。

2. 优化资源配置

学科评估结果可以为农业院校管理者提供重要的参考，合理配置教学、科研、资金等资源，支持和发展具有潜力的重点学科和特色学科，确保资源的高效利用。

3. 促进学科发展

学科评估能够为学科的长期发展提供科学指导，推动学科在科研、教学、社会服务等方面的综合发展，提升学科的竞争力和社会影响力。

4. 提供决策依据

通过系统的评估结果，农业院校管理者可以获得全面和科学的决策依据，制定有针对性的学科建设发展战略和政策，确保学科的健康发展和长远规划。

二、学科评估的理论基础

学科评估的科学性和有效性依赖于其理论基础。不同的评价理论为学科评估提供了不同的视角和方法，形成了一个多元、综合的评价体系。通过理解和应用这些理论，学科评估可以更加全面、客观和科学地评估学科的发展水平和潜力，为学科建设提供有力的支持和指导。

（一）学科评价理论

1. 绩效评价理论

绩效评价理论是学科评估的重要理论基础之一，强调通过对学科的绩效和产出进行系统评价，衡量学科的整体水平和发展成效。绩效评价理论注重目标导向、指标体系和综合评价，确保评估结果的科学性和可操作性。绩效评价理论主要关注以下三个方面：①目标导向。明确学科建设的目标和任务，通过评估衡量目标的实现程度。目标导向有助于评估的针对性和有效性，使学科评估更加有的放矢。②指标体系。建立科学合理的评价指标体系，涵盖学科建设的各个方面。科学的指标体系是评估工作的基础，能够全面反映学科的发展状况。③综合评价。通过综合评价方法，全面反映学科的整体水平和发展状况。综合评价可以确保评估结果的全面性和客观性，提供更加可靠的依据。

2. 多元评价理论

多元评价理论强调对学科进行多角度、多层次的评价，综合考虑学科的各个方面和不同利益相关者的需求。通过多维度评价、多主体参与和多方法结合，可以确保评估的全面性和客观性。多元评价理论主要关注以下三个方面：①多维度评价。从学术水平、科研能力、教学质量、社会服务等多个维度对学科进行评价。多维度评价可以全面反映学科的综合实力和发展潜力。②多主体参与。吸纳不同利益相关者参与评价，如专家、学生、用人单位等，确保评价的客观性和全面性。多主体参与可以提供多元化的视角，提升评估的公正性和权威性。③多方法结合。结合定量评价和定性评价方法，通过数据分析和专家评议，全面反映学科的实际情况。多方法结合可以提高评估结果的科学性和可靠性。

（二）教育评价理论

教育评价理论为学科评估提供了系统的框架和方法。系统评价理论和目标评价理论是教育评价理论的重要组成部分，通过对学科系统性、动态性和目标实现程度的评价，可以全面了解学科的整体水平和发展潜力。

1. 系统评价理论

系统评价理论将学科作为一个系统，通过对系统内部各要素的评价，全面了解学科的整体水平和发展潜力。系统评价理论强调系统性、动态性和综合性，确保评估的全面性和科学性。系统评价理论主要关注以下三个方面：①系统性。将学科视为一个有机整体，从整体和局部的关系进行评价。系统性有助于全面了解学科的各个方面及其相互关系。②动态性。关注学科的发展变化和趋势，通过长期跟踪评价，了解学科的发展动态。动态性评价可以反映学科的持续发展能力和潜力。③综合性。综合考虑学科的各个方面和各个环节，全面反映学科的实际水平。综合性评价确保评估结果的全面性和客观性。

2. 目标评价理论

目标评价理论强调根据学科建设的目标和任务进行评价，通过衡量目标的实现程度，评估学科的建设成效。目标评价理论关注目标的明确性、对比分析和改进提升，确保评估的针对性和有效性。目标评价理论主要关注以下三个方面：①明确目标。明确学科建设的具体目标和任务，为评价提供依据。明确的目标是评估工作的基础，有助于评估的准确性和针对性。②对比分析。通过对比分析学科建设目标和实际成效，找出差距和不足。对比分析可以发现学科建设中的问题和不足，提出改进建议。③改进提升。根据评价结果，提出改进措施和建议，提升学科建设水平。改进提升是评估工作的最终目的，通过改进措施可以不断提升学科的整体水平。

（三）质量管理理论

1. 全面质量管理

全面质量管理（TQM）理论强调通过全员参与和系统化管理，提升学科建设的整体质量和水平。全面质量管理理论关注全员参与、持续改进和系统管理，确保学科建设的质量和效果。全面质量管理理论主要关注以下三个方面：①全员参与。动员全体师生和管理人员参与学科建设和评价，形成共同参与、共同提升的良好氛围。全员参与有助于形成学科建设的合力，提升建设效果。②持续改进。通过持续的质量改进和优化，不断提升学科建设的水平和效果。持续改进可以确保学科建设的长期发展和进步。③系统管理。建立科学的管理体系，从学科建设的各个环节进行系统化管理，确保质量和效果。系统管理可以提高学科建设的整体水平和效果。

2. ISO 质量管理体系

ISO 质量管理体系是国际上广泛认可的质量管理体系，通过标准化的管理和评价方法，提升学科建设的质量和水平。ISO 质量管理体系关注标准化管理、过程控制和持续改进，确保学科建设的质量和效果。ISO 质量管理体系主要关注以下三个方面：①标准化管理。建立科学的管理体系和标准化流程，确保学科建设的质量和效果。标准化管理可以提高学科建设的规范性和科学性。②过程控制。通过对学科建设过程的控制和管理，确保各个环节的质量和效果。过程控制有助于发现和解决学科建设中的问题，提升建设效果。③持续改进。通过持续的评估和改进，不断提升学科建设的水平和效果。持续改进可以确保学科建设的长期发展和进步。

三、学科评估的指标体系

为了全面、客观地评估学科的整体水平和发展潜力，建立科学合理的指标体系是至关重要的。学科评估的指标体系涵盖学术水平、科研能力、教学质量、师资队伍和社会服务等多个方面，通过具体的指标可以全面反映学科的各个维度，确保评估的全面性和科学性。

（一）学科水平指标

1. 学术水平

学术水平是衡量学科学术影响力和学术地位的重要指标。通过对学术成果、学术影响力和学术交流的评估，可以全面了解学科在学术界的综合表现。主要考察以下三个方面：①学术成果。包括发表的高水平论文、学术专著、专利标准等。高水平的学术成果是学科学术水平的重要体现。②学术影响力。包括学术引用次数、学术奖项、学术兼职等。学术影响力反映了学科在学术界的认可度和知名度。③学术交流。包括参加国际国内学术会议、学术讲座、学术合作等。学术交流是提升学科影响力和获取学术资源的重要途径。

2. 科研能力

科研能力是衡量学科科研实力的重要指标。通过对科研项目、科研经费和科研成果转化的评估，可以全面了解学科在科研方面的综合实力。主要考察以下三个方面：①科研项目。包括承担的国家级、省部级科研项目，横向科研项目等。科研项目的数量和质量是学科科研能力的重要体现。②科研经费。包括科研经费的来源和总额。科研经费反映了学科获取科研资源的能力和科研活动的支持力度。③科研成果转化。包括科研成果的转化和应用情况。科研成果的转化能力是衡量学科科研成果实际应用价值的重要指标。

（二）教学质量指标

教学质量是学科评估的重要组成部分，主要包括教学水平和学生培养两个方面。通过对课程设置、教学方法、教学效果以及生源质量、培养质量和学生发展的评估，可以全面了解学科在教学质量和学生培养方面的表现。

1. 教学水平

教学水平直接影响学生的学习效果和体验。通过对课程设置、教学方法和教学效果的评估，可以全面了解学科在教学方面的综合水平。主要考察以下三个方面：①课程设置。包括课程体系的科学性和合理性。科学合理的课程设置是提升教学质量的重要保障。②教学方法。包括教学方法的多样性和创新性。多样化和创新性的教学方法有助于提升学生的学习兴趣和效果。③教学效果。包括教学质量的评价和反馈情况。教学效果的评估可以反映出教学活动的实际效果和改进方向。

2. 学生培养

学生培养质量是学科教学质量的重要体现。通过对生源质量、培养质量和学生发展的评估，可以全面了解学科在学生培养方面的综合表现。主要考察以下三个方面：①生源质量。包括学生的入学成绩和第一志愿上线率等。高质量的生源是学科培养优秀人才的重要基础。②培养质量。包括毕业生的就业情况、继续深造情况等。培养质量反映了学科在人才培养方面的实际成效。③学生发展。包括学生的科研成果、竞赛获奖和学术交流等情况。学生的发展情况是评估学科培养质量的重要维度。

（三）师资队伍指标

师资队伍是学科建设的核心力量，主要包括师资水平和师德师风两个方面。通过对师资结构、师资素质、师资发展以及职业道德、师生关系和社会责任的评估，可以全面了解学科的师资力量和道德风貌，为学科的持续发展提供有力支持。

1. 师资水平

师资水平直接影响学科的教学质量和科研水平。通过对师资结构、师资素质和师资发展的评估，可以全面了解学科在师资队伍建设方面的综合水平。主要考察以下三个方面：①师资结构。包括教师的学历、职称、年龄等结构情况。合理的师资结构是提升学科整体水平的重要保障。②师资素质。包括教师的学术水平、教学能力、科研能力等。高素质的师资队伍是学科发展的核心力量。③师资发展。包括教师的培训、进修、学术交流等情况。持续的师资发展是保持师资队伍活力和提升水平的重要途径。

2. 师德师风

师德师风是衡量教师职业道德和工作作风的重要指标。通过对职业道德、师生关系和社会责任的评估，可以全面了解学科教师的道德风貌和社会贡献。主要考察以下三个方面：①职业道德。包括教师的职业道德和工作作风。良好的职业道德是教师职业素养的重要体现。②师生关系。包括教师与学生的关系和互动情况。和谐的师生关系有助于提升教学效果和学生发展。③社会责任。包括教师的社会服务和贡献情况。积极的社会责任感是教师职业道德的重要体现。

（四）社会服务指标

社会服务是学科评估的重要组成部分，主要包括社会贡献和合作交流两个方面。通过对科技服务、社会影响、社会评价以及校企合作、国际合作和社会资源的评估，可以全面了解学科在社会服务和合作交流方面的综合表现，为学科的持续发展和社会贡献提供支持。

1. 社会贡献

社会贡献是衡量学科对社会发展和进步的重要指标。通过对科技服务、社会影响和社会评价的评估，可以全面了解学科在社会服务方面的实际贡献和影响力。主要考察以下三个方面：①科技服务。包括为企业、政府和社会提供的科技服务和咨询。科技服务能力是学科社会贡献的重要体现。②社会影响。包括学科在社会上的知名度和影响力。社会影响力反映了学科在社会上的认可度和地位。③社会评价。包括社会对学科的评价和反馈情况。社会评价是衡量学科社会服务成效的重要依据。

2. 合作交流

合作交流是提升学科水平和影响力的重要途径。通过对校企合作、国际合作和社会资源的评估，可以全面了解学科在合作交流方面的综合表现和资源整合能力。主要考察以下三个方面：①校企合作。包括与企业的合作项目和合作模式。校企合作有助于学科科研成果的转化和实际应用。②国际合作。包括与国际知名院校和科研机构的合作情况。国际合作可以提升学科的国际影响力和学术水平。③社会资源。包括学科利用和整合的社会资源情况。社会资源的整合能力是学科可持续发展的重要保障。

四、本节小结

学科评估是农业院校提升学科建设水平、优化资源配置、促进学科发展的重要手段。通过科学的评估体系和方法，可以全面了解学科的现状和问题，提出有针对性的改进措施和建议，提升学科的整体水平和竞争力。学科评估的理论基础包括评价理论、教育评价理论和质量管理理论，通过综合运用这些理论，可以构建科学合理的学科评估体系和指标体系，确保评估结果的科学性和公正性。通过实施科学的学科评估，农业院校可以更好地服务国家战略需求和社会发展，为全球农业科技进步和可持续发展培养更多优秀的人才。

第二节 学科评估的指标体系

学科评估的指标体系是学科评估的重要组成部分，是评估学科建设水平、发展潜力和存在问题的关键依据。科学合理的指标体系可以全面、客观地反映学科的实际情况，为学科建设和改进提供有力的支持。

一、学科评估指标体系的构建原则

构建科学合理的学科评估指标体系是确保评估工作有效性和科学性的关键。指标体系的构建应遵循一定原则，以确保评估的全面性、客观性和可操作性。以下将详细介绍学科评估指标体系的五大构建原则，即科学性、系统性、可操作性、动态性和公正性。

（一）科学性

科学性是学科评估指标体系构建的根本原则。只有基于科学的理论和方法，才能保证指标体系的合理性和可靠性。科学的指标体系能够提供客观、准确的评估结果，为学科建设和发展提供坚实的理论基础和指导。具体内容包括：①理论依据。指标体系应基于教育评价理论、学科评价理论和质量管理理论等科学理论。②方法论。采用科学的统计方法和数据分析方法，确保指标的准确性和可靠性。③数据支持。确保指标的设置和选择有充足的数据支持，以确保评估结果的科学性。

（二）系统性

系统性是确保评估工作的全面性和完整性的关键。学科评估指标体系应覆盖学科建设的各个方面，涵盖学术水平、科研能力、教学质量、师资队伍和社会服务等。通过系统全面的评估，能够全面了解学科的现状和发展潜力。具体内容包括：①全面覆盖。指标体系应涵盖学科建设的所有关键领域，确保评估的全面性。②相互关联。各项指标应相互关联，形成一个有机整体，确保评估的系统性。③层次分明。指标体系应具有清晰的层次结构，确保评估工作的条理性和系统性。

（三）可操作性

可操作性是确保评估工作顺利实施的基础。指标应易于操作和量化，便于数据的收集、统计和分析。通过设置可操作的指标，可以提高评估工作的效率和效果，确保评估结果的准确性和实用性。具体内容包括：①简明易懂。指标应简明易懂，便于理解和操作。②量化操作。指标应能够量化，确保数据的收集和统计的便捷性。③数据获取。指标应基于易于获取的数据，确保评估工作的可操作性。

（四）动态性

动态性是确保评估体系适应学科建设和发展需求的重要原则。学科评估指标体系应具有动态调整的能力，根据学科建设和发展的实际情况，及时调整和优化指标，确保评估的时效性和适应性。具体内容包括：①及时调整。根据学科发展的实际情况，对指标体系进行及时调整和优化。②适应变化。指标体系应能够适应学科建设和发展的变化，确保评估的时效性。③持续改进。建立动态调整机制，确保指标体系的持续改进和优化。

（五）公正性

公正性是确保评估结果客观可靠的重要保障。学科评估指标体系应客观公正，避免主观偏见和人为干预，确保评估结果的公正性和可靠性。通过公正的评估，可以为学科建设和发展提供真实可靠的依据。具体内容包括：①客观性。指标应基于客观数据，避免主观偏见。②公正性。评估过程应公开透明，避免人为干预。③一致性。确保评估标准和方法的一致性，保证评估结果的可比性和公正性。

二、学科评估指标体系的主要内容

学科评估指标体系是衡量学科建设和发展水平的重要工具。通过科学合理的指标体系，可以全面评估学科的学术水平、科研能力、教学质量、师资队伍和社会服务等多个方面。以下将详细介绍每个指标体系的主要内容，包括学术水平、科研能力、教学质量、师资队伍和社会服务。

（一）学术水平指标

学术水平是衡量学科发展和学术影响力的重要指标。通过高水平的学术成果、广泛的学术影响力和频繁的学术交流活动，可以全面评估学科的学术水平和国际国内学术地位。

1. 学术成果

学术成果是学科评估中最直观的指标，反映了学科的研究创新能力和学术贡献。高水平论文、学术专著和会议论文是学术成果的重要组成部分，体现了学科在学术界的地位和影响。具体内容包括：①高水平论文。包括在 SCI、EI、SSCI 等国际权威期刊发表的高水平论文数量、影响因子、被引次数等。②学术专著。包括出版的学术专著、教材等，反映学科的学术贡献和影响力。③会议论文。包括在国际国内重要学术会议上发表的论文数量和质量。

2. 学术影响力

学术影响力反映了学科在学术界的地位和学术成果的传播情况。通过引用率、学术奖项和学术兼职等指标，可以全面评估学科的学术影响力和国际国内学术地位。具体内容包括：①引用率。学术成果的被引次数和影响力，反映学术成果的传播和应用情况。②学术奖项。获得的各类学术奖项，如国家级、省部级奖项，反映学术水平和学术地位。③学术兼职。学科成员在国际国内学术组织兼职、担任编辑等情况，反映学术影响力和学术地位。

3. 学术交流

学术交流是学术创新和合作的重要途径。通过参加和组织学术交流活动，可以提升学科的学术影响力和合作能力，促进学术研究的深入发展。具体内容包括：①学术交流活动。参加和组织的国际国内学术会议、学术讲座等，反映学术交流和合作情况。②学术合作。与国际国内知名院校和科研机构的学术合作项目和成果，反映学术合作能力和水平。

（二）科研能力指标

科研能力是衡量学科创新能力和研究实力的重要指标。通过科研项目、科研成果和科研平台的建设，可以全面评估学科的科研能力和科研水平。

1. 科研项目

科研项目是学科科研能力的重要体现。通过承担高水平的科研项目，可以反映学科的科研实力和研究能力。具体内容包括：①项目数量。承担的国家级、省部级科研项目，横向科研项目的数量和级别。②项目经费。科研项目的经费总额和来源，反映科研投入和科研能力。③项目成果。科研项目的研究成果和转化应用情况，反映科研能力和科研水平。

2. 科研成果

科研成果是科研能力的具体表现，通过专利成果、科研报告和科研奖项等指标，可以评估学科的科研创新能力和科研贡献。具体内容包括：①专利成果。申请和获得的专利数量和质量，反映科研创新能力和成果转化水平。②科研报告。撰写和提交的科研报告、研究报告等，反映科研工作和成果。③科研奖项。获得的各类科研奖项，如国家科技进步奖、省部级科技奖等，反映科研水平和科研贡献。

3. 科研平台

科研平台是科研能力的重要支撑，通过实验室和研究中心、科研设备和科研团队的建设，可以全面评估学科的科研条件和科研能力。具体内容包括：①实验室和研究中心。拥有的国家级、省部级重点实验室、研究中心等科研平台，反映科研条件和科研能力。②科研设备。拥有的先进科研设备和设施，反映科研条件和科研水平。③科研团队。科研团队的规模和结构，反映科研组织和科研能力。

（三）教学质量指标

教学质量是衡量学科培养能力和教学水平的重要指标。通过课程设置、教学方法和学生培养的评估，可以全面了解学科的教学质量和培养效果。

1. 课程设置

课程设置是教学质量的基础，通过科学合理的课程体系和高质量的课程内容，可以提升学科的教学水平和教学效果。具体内容包括：①课程体系。课程体系的科学性和合理性，反映课程设置和教学规划。②课程质量。课程内容的创新性和前沿性，反映课程质量和教学水平。③课程评价。课程的教学评价和学生反馈，反映课程的教学效果和质量。

2. 教学方法

教学方法是教学质量的重要保障，通过创新的教学方法和教学实践，可以提升教学效果和教学水平。具体内容包括：①教学创新。应用的教学方法和教学手段的创新性，反映教学方法的多样性和创新性。②教学实践。教学中的实践环节和实验教学，反映教学的实践性和应用性。③教学效果。教学评价和学生成绩，反映教学的效果和质量。

3. 学生培养

学生培养是教学质量的最终体现，通过评估生源质量、培养质量和就业质量，可以全面了解学科的人才培养效果和社会认可度。具体内容包括：①生源质量。学生的入学成绩和综合素质，反映生源质量和学生基础。②培养质量。毕业生的学术水平、科研能力和综合素质，反映培养质量和培养效果。③就业质量。毕业生的就业率、就业质量和社会评价，反映培养效果和社会认可度。

（四）师资队伍指标

师资队伍是学科建设的核心，通过评估生师比、师资结构、师资素质和师德师风，可以全面了解学科的师资力量和教学科研水平。

1. 生师比

生师比，即在校生数量与专任教师数量的比值，是衡量高校教学资源配置和教育质量的重要指标。合理的生师比可以确保学生获得充分的个性化关注和指导，促进有效的师生互动和高质量的教学体验。对于农业院校来说，适当的生师比尤为重要，因为农业学科通常需要进行实验和实践教学，这对教师的指导和监督提出了更高的要求。合理的生师比不仅有助于提高教学效果，还能支持教师的科研活动和专业发展，进而提升整个学科的建设水平。

2. 师资结构

师资结构是师资队伍的重要组成，通过评估教师的学历结构、职称结构和年龄结构，可以了解师资队伍的整体水平和梯队建设。具体内容包括：①学历结构。教师的学历构成，包括博士、硕士、学士等比例。②职称结构。教师的职称构成，包括教授、副教授、讲师等比例。③年龄结构。教师的年龄构成，包括青年、中年、老年教师的比例，反映师资队伍的梯队结构。

3. 师资素质

师资素质是衡量师资队伍水平的重要指标，通过评估教师的学术水平、教学能力和科研能力，可以全面了解师资队伍的整体素质和水平。具体内容包括：①学术水平。教师的学术成果、学术兼职等，反映教师的学术水平和学术影响力。②教学能力。教师的教学经验、教学效果等，反映教师的教学能力和教学水平。③科研能力。教师的科研项目、科研成果等，反映教师的科研能力和科研水平。

4. 师德师风

师德师风是教师职业素养的重要体现，通过评估教师的职业道德、师生关系和社会服务，可以全面了解教师的职业素养和社会责任感。具体内容包括：①职业道德。教师的职业道德和工作作风，反映教师的职业素养和师德师风。②师生关系。教师与学生的关系和互动情况，反映教师的教学态度和师生关系。③社会服务。教师的社会服务和贡献情况，反映教师的社会责任和社会影响力。

（五）社会服务指标

社会服务是衡量学科社会贡献和应用能力的重要指标，通过评估社会贡献、合作交流和社会资源的利用，可以全面了解学科的社会影响力和社会服务能力。

1. 社会贡献

社会贡献是学科服务社会和促进社会发展的重要体现，通过评估科技服务、社会评价和成果转化，可以了解学科的社会服务能力和社会影响力。具体内容包括：①科技服务。为企业、政府和社会提供的科技服务和咨询，反映学科的社会贡献和服务能力。②社会评价。社会对学科的评价和反馈，反映学科的社会影响力和社会认可度。③成果转化。科研成果的转化应用和经济效益及社会效益，反映学科的社会贡献和应用能力。

2. 合作交流

合作交流是学科开放合作和资源整合的重要途径，通过评估校企合作、国际合作和社会资源的利用，可以了解学科的合作能力和水平。具体内容包括：①校企合作。与企业的合作项目和合作模式，反映学科的校企合作能力和水平。②国际合作。与国际知名院校和科研机构的合作情况，反映学科的国际合作能力和水平。③社会资源。学科利用和整合的社会资源情况，反映学科的社会资源整合能力和水平。

三、学科评估指标体系的实施步骤

（一）确定评估目标和任务

明确学科评估的目标和任务是评估工作的首要步骤。只有明确了目标和任务，才能制定科学合理的评估方案和计划，为评估工作的顺利实施奠定坚实基础。具体内容包括如下。

1. 明确目标

明确学科评估的具体目标，如评估学术水平、科研能力、教学质量等。

2. 确定任务

根据评估目标，确定具体的评估任务和内容。

3. 制定方案

制定科学合理的评估方案和计划，确保评估工作的系统性和条理性。

（二）构建评估指标体系

构建科学合理的评估指标体系是确保评估结果科学性和公正性的关键。通过根据学科评估的理论基础和实际情况，确定涵盖学科建设各个方面的评估指标体系，可以全面评估学科的整体水平和发展潜力。具体内容包括如下。

1. 理论依据

基于学科评价理论、教育评价理论和质量管理理论，确定评价指标。

2. 结合实际

结合学科的具体情况，选择适合的评价指标，确保评估的针对性和适用性。

3. 全面覆盖

涵盖学术水平、科研能力、教学质量、师资队伍和社会服务等多个方面。

（三）设置指标权重

合理的指标权重设置是确保评估结果科学性和公正性的保障。通过根据各项指标的重要性，设置合理的权重，可以确保评估结果的科学性和客观性。具体内容包括如下。

1. 重要性分析

分析各项指标的重要性，确定合理的权重分配。

2. 专家意见

征求专家意见，确保权重设置的科学性和公正性。

3. 动态调整

根据实际评估情况，对权重设置进行必要的调整，确保评估结果的准确性。

（四）数据收集与分析

数据收集与分析是学科评估的关键环节。通过全面收集学科的各项数据和信息，并进行系统的分析，可以全面了解学科的整体水平和存在的问题，为评估结果提供坚实的数据支持。具体内容包括如下。

1. 数据统计

收集和整理学科的各项数据，如学术成果、科研项目、教学质量等。

2. 问卷调查

设计并发放问卷，收集师生和用人单位的意见和反馈。

3. 访谈调研

组织访谈和调研，深入了解学科的实际情况和存在问题。

4. 数据分析

通过统计分析和数据处理，对收集的数据进行系统分析，得出评估结果。

（五）评估结果反馈

评估结果反馈是学科评估的重要环节。通过将评估结果和评估报告反馈给学科负责人和师生，听取意见和建议，可以进一步完善评估工作，确保评估结果的公正性和可操作性。具体内容包括如下。

1. 反馈形式

通过会议、报告等形式，将评估结果反馈给相关人员。

2. 意见收集

收集学科负责人与师生的意见和建议，进一步完善评估报告。

3. 改进建议

根据反馈意见，提出具体的改进建议和措施，确保评估结果的可操作性。

（六）改进与提升

改进与提升是学科评估的最终目的。通过根据评估结果和反馈意见，制定具体的改进措施和计划，可以推动学科的可持续发展和提升，确保学科在新时期实现高质量发展。具体内容包括如下。

1. 制定计划

根据评估结果，制定具体的改进措施和实施计划。

2. 落实改进

确保改进措施的落实，提升学科的整体水平。

3. 持续评估

建立持续评估机制，定期评估改进效果，确保学科的可持续发展。

四、学科评估指标体系的完善与改进

学科评估指标体系的完善与改进是确保评估工作科学性、时效性和适应性的关键。通过持续优化指标体系、提升数据收集与分析能力以及加强评估结果的应用，可以全面提升学科评估工作的质量和效果，为学科建设和发展提供更精准的指导和支持。以下将详细介绍学科评估指标体系完善与改进的具体措施。

(一) 持续优化指标体系

持续优化评估指标体系是确保评估工作的时效性和适应性的关键。通过动态调整和科学修订评估指标体系，可以确保评估指标体系的科学性和合理性，更好地适应学科建设和发展的实际需求。

1. 动态调整

学科建设和发展是一个动态过程，评估指标体系也应随之动态调整。根据学科建设和发展的实际情况，及时调整和优化评估指标体系，以确保评估工作的时效性和适应性。具体内容包括：①定期评估。定期评估现有指标体系的适用性，根据实际情况进行调整。②行业趋势。关注学科领域的最新发展动态和趋势，及时更新指标。③反馈意见。根据评估过程中收集的反馈意见，调整不合理的指标，确保指标的科学性和合理性。

2. 科学修订

评估工作中的问题和不足是改进评估指标体系的重要依据。通过科学修订评估指标体系，可以提升指标体系的科学性和合理性，确保评估工作的公正性和有效性。具体内容包括：①问题分析。对评估工作中发现的问题进行系统分析，找出问题的根源。②修订方案。制定科学合理的修订方案，对现有指标进行修订和优化。③专家咨询。邀请相关领域的专家对修订方案进行评审，确保修订的科学性和合理性。

(二) 提升数据收集与分析能力

数据收集与分析能力是评估工作的基础保障。通过完善数据管理和加强数据分析，可以提升数据的准确性和完整性，确保评估结果的科学性和可靠性。

1. 完善数据管理

建立完善的数据管理和收集系统是提升数据收集和管理能力的关键。通过规范数据管理流程，确保数据的准确性和完整性，为评估工作提供坚实的数据支持。具体内容包括：①数据系统。建立先进的数据管理系统，确保数据管理的高效性和规范性。②数据规范。制定数据收集和管理的规范和标准，确保数据的准确性和一致性。③数据培训。对数据管理人员进行培训，提升其数据收集和管理能力。

2. 加强数据分析

数据分析是评估工作的核心环节。通过加强数据分析能力，可以全面了解学科的现状和问题，提升评估工作的科学性和有效性。具体内容包括：①分析工具。引入先进的数据分析工具和方法，提升数据分析的效率和精度。②综合评定。通过综合评定，全面了解学科的整体水平和存在的问题。③结果解读。对数据分析结果进行深入解读，为学科建设和发展提供科学依据。

（三）加强评估结果的应用

评估结果的应用是评估工作的最终目的。通过将评估结果应用于学科建设和发展的决策和管理中，可以提升评估工作的实际效果和应用价值，推动学科的持续发展。

1. 结果应用

评估结果只有得到有效应用，才能真正发挥其指导作用。通过将评估结果应用于学科建设和发展的决策和管理中，可以提升学科的整体水平和竞争力。具体内容包括：①决策参考。将评估结果作为学科建设和发展的重要参考依据，制定科学合理的发展规划。②资源配置。根据评估结果，合理配置学科资源，优化学科建设。③改进措施。根据评估结果，制定具体的改进措施，提升学科的整体水平。

2. 反馈机制

建立评估结果的反馈机制是提升评估工作的公正性和科学性的保障。通过及时听取意见和建议，可以不断完善评估工作，确保评估结果的客观性和公正性。具体内容包括：①结果反馈。将评估结果反馈给学科负责人和师生，听取他们的意见和建议。②意见收集。通过问卷调查、访谈等形式，广泛收集意见和建议。③改进完善。根据反馈意见，不断改进和完善评估工作，确保评估结果的公正性和科学性。

五、本节小结

学科评估的指标体系是学科评估的重要组成部分，是评估学科建设水平、发展潜力和存在问题的关键依据。通过科学合理的指标体系，可以全面、客观地反映学科的实际情况，为学科建设和改进提供有力的支持。学科评估指标体系的构建应基于科学性、系统性、可操作性、动态性和公正性等原则，涵盖学术水平、科研能力、教学质量、师资队伍、社会服务等各个方面。通过科学的评估指标体系和实施方法，农业院校可以更好地服务国家战略需求和社会发展，为全球农业科技进步和可持续发展培养更多优秀的人才。

第三节　学科自我评估的方法与工具

学科自我评估的方法与工具是确保评估工作科学性、系统性和客观性的关键。合理选择和应用评估方法与工具，可以全面、准确地反映学科的实际水平和发展情况，为学科建设和改进提供科学依据。

一、学科自我评估的基本方法

学科自我评估是提升学科建设水平，发现和解决问题的重要手段。通过科学合理的自我评估方法，可以全面了解学科的现状和发展潜力，为进一步改进和优化学科建设提供有力支持。以下将详细介绍学科自我评估的基本方法，包括定量评价方法、定性评价方法和综合评价方法。

（一）定量评价方法

定量评价方法是通过数据统计和数值分析，对学科进行客观评价的基本方法。通过系统收集、整理和分析各项定量指标的数据，可以全面反映学科的实际情况，为学科评估提供坚实的数据支持。

1. 数据统计分析

数据统计分析是学科自我评估的基础方法，通过对各项定量指标的数据进行系统的收集、整理和分析，全面反映学科的实际情况。科学的数据统计分析可以揭示学科建设的现状和问题，为进一步改进提供依据。具体内容包括：①数据收集。系统收集学科各项指标的数据，如学术论文数量、科研项目数量、教学评估结果等，确保数据的全面性和准确性。②数据整理。对收集的数据进行整理和分类，确保数据的完整性和准确性，为后续的分析工作奠定基础。③数据分析。应用统计分析方法，如描述统计、相关分析、回归分析等，对数据进行深入分析，揭示学科建设的现状和问题，提供科学的评价结果。

2. 指标评分

根据预先设定的评价标准和指标体系，对各项指标进行评分，综合评定学科的整体水平和发展状况。通过评分，可以综合评定学科的整体水平和发展状况，找出优势和不足。具体内容包括：①评分标准。明确各项指标的评分标准，确保评分的科学性和一致性，为客观评价提供依据。②评分过程。依据评分标准，对各项指标进行客观评分，综合计算总分和评估结果，全面评定学科的实际水平。③结果分析。分析评分结果，找出学科的优势和不足，提出改进建议，为学科的优化和提升提供科学依据。

（二）定性评价方法

1. 专家评议

专家评议是通过邀请相关领域的专家，对学科的学术水平、科研能力、教学质量等进行综合评价。专家评议依赖于专家的专业知识和经验，能够提供权威的评价结果。具体内容包括：①评分标准。明确各项指标的评分标准，确保评分的科学性和一致性，为客观评价提供依据。②评分过程。依据评分标准，对各项指标进行客观评分，综合计算总分和评估结果，全面评定学科的实际水平。③结果分析。分析评分结果，找出学科的优势和不足，提出改进建议，为学科的优化和提升提供科学依据。

2. 访谈调研

访谈调研是通过与学科相关人员进行访谈，了解学科的实际情况和存在的问题，收集第一手资料。访谈调研可以提供真实、全面的信息，为学科评估提供有力的支持。具体内容包括：①评分标准。明确各项指标的评分标准，确保评分的科学性和一致性，为客观评价提供依据。②评分过程。依据评分标准，对各项指标进行客观评分，综合计算总分和评估结果，全面评定学科的实际水平。③结果分析。分析评分结果，找出学科的优势和不足，提出改进建议，为学科的优化和提升提供科学依据。

（三）综合评价方法

1. SWOT 分析

SWOT 分析是通过分析学科的优势（strengths）、劣势（weaknesses）、机会（opportunities）和威胁（threats），全面评估学科的现状和发展潜力。SWOT 分析能够揭示学科内部条件和外部环境的综合影响，为学科的发展提供战略参考。具体内容包括：①评分标准。明确各项指标的评分标准，确保评分的科学性和一致性，为客观评价提供依据。②评分过程。依据评分标准，对各项指标进行客观评分，综合计算总分和评估结果，全面评定学科的实际水平。③结果分析。分析评分结果，找出学科的优势和不足，提出改进建议，为学科的优化和提升提供科学依据。

2. 模糊综合评价

模糊综合评价是通过引入模糊数学的方法，综合考虑学科各项指标的模糊性和不确定性，进行全面评价。模糊综合评价能够处理复杂、多维的数据，提供更为科学和全面的评价结果。具体内容包括：①评分标准。明确各项指标的评分标准，确保评分的科学性和一致性，为客观评价提供依据。②评分过程。依据评分标准，对各项指标进行客观评分，综合计算总分和评估结果，全面评定学科的实际水平。③结果分析。分析评分结果，找出学科的优势和不足，提出改进建议，为学科的优化和提升提供科学依据。

二、学科自我评估的具体工具

学科自我评估的具体工具是实现评估工作高效、精准和科学的基础。通过应用先进的数据收集工具、数据分析工具和评议与反馈工具，可以全面提升学科自我评估的质量和效果，确保评估结果的科学性和可信度。

（一）数据收集工具

数据收集工具是学科自我评估的首要环节。通过系统化和科学化的数据收集工具，可以确保数据的全面性、准确性和时效性，为评估工作提供坚实的数据基础。

1. 数据采集系统

数据采集系统是通过信息化手段，自动化收集和整理学科各项数据的工具。科学合理的数据采集系统可以提升数据收集的效率和准确性，确保评估数据的实时性和完整性。具体内容包括：①评分标准。明确各项指标的评分标准，确保评分的科学性和一致性，为客观评价提供依据。②评分过程。依据评分标准，对各项指标进行客观评分，综合计算总分和评估结果，全面评定学科的实际水平。③结果分析。分析评分结果，找出学科的优势和不足，提出改进建议，为学科的优化和提升提供科学依据。

2. 问卷调查

问卷调查是通过设计科学的问卷，收集学科相关人员的意见和反馈的工具。问卷调查可以提供第一手资料，全面了解学科的实际情况和存在的问题。具体内容包括：①问卷设计。设计科学合理的问卷题目，涵盖学科建设的各个方面，如教学质量、科研水平、学术氛围等。②问卷发放。通过线上线下多种方式发放问卷，确保问卷的覆盖面和回收率，获取广泛的反馈信息。③问卷分析。对回收的问卷进行统计分析，提取有价值的信息和数据，为评估工作提供重要参考。

（二）数据分析工具

数据分析工具是对收集的数据进行系统分析的关键工具。通过应用先进的统计软件和数据可视化工具，可以揭示学科建设的现状和问题，提供科学的评估结果和改进建议。

1. 统计软件

统计软件是通过应用统计分析方法，对收集的数据进行系统分析的工具。科学的统计分析可以深入揭示学科的现状和问题，为评估工作提供科学依据。具体内容包括：①常用软件。常用的统计软件包括 SPSS、SAS、Excel 等，这些软件具有强大的数据分析功能。②分析方法。应用描述统计、相关分析、回归分析、因子分析等方法，对数据进行深入分析，揭示学科建设的现状和问题。③结果呈现。通过统计软件生成数据分析报告和图表，直观呈现分析结果，便于理解和应用。

2. 数据可视化工具

数据可视化工具是通过图形化方式，直观呈现学科各项数据和分析结果的工具。数据可视化可以提升评估结果的可视性和理解度，便于决策者进行深入分析。具体内容包括：①常用工具。常用的数据可视化工具包括 Tableau、Power BI、D3.js 等，这些工具具有强大的可视化功能。②可视化方法。应用图表、图形、地图等多种方式，直观呈现数据和分析结果，提升数据的可视性和理解度。③交互功能。通过交互式功能，提升数据分析的灵活性和互动性，方便用户进行深入分析和探索。

（三）评议与反馈工具

评议与反馈工具是学科自我评估的重要环节。通过应用信息化手段，支持专家评议和结果反馈，可以提升评议工作的效率和便捷性，确保评估结果的科学性和可操作性。

1. 专家评议系统

专家评议系统是通过信息化手段，支持专家对学科进行在线评议和反馈的工具。专家评议系统可以提升评议工作的效率和便捷性，确保评议结果的科学性和客观性。具体内容包括：①系统功能。专家评议系统包括评议任务分配、在线评议、评议结果反馈等功能，支持专家高效开展评议工作。②评议内容。专家通过系统对学科的学术水平、科研能力、教学质量等进行综合评议，确保评议内容的全面性和深入性。③结果管理。系统对专家的评议结果进行管理和分析，生成评议报告和改进建议，为学科建设提供科学依据。

2. 反馈与改进系统

反馈与改进系统是通过信息化手段，将评估结果和改进建议反馈给学科相关人员，支持学科的改进和提升的工具。反馈与改进系统可以确保评估结果的有效应用，推动学科的持续改进和提升。具体内容包括：①系统功能。反馈与改进系统包括评估结果反馈、改进措施管理、进展跟踪等功能，支持学科改进工作的全面开展。②反馈内容。系统将评估结果、改进建议等反馈给学科相关人员，确保反馈信息的全面性和及时性，支持学科改进工作。③改进管理。系统对学科的改进措施进行管理和跟踪，确保改进工作的落实和效果，推动学科的持续提升。

三、本节小结

学科评估的方法与工具是确保学科自我评估工作科学性、系统性和客观性的关键。通过合理选择和应用评估方法与工具，可以全面、准确地反映学科的实际水平和发展情况，为学科建设和改进提供科学依据。学科自我评估的方法包括定量评价方法、定性评价方法和综合评价方法，评估工具包括问卷调查、数据采集系统、统计软件、数据可视化工具、专家评议系统和反馈与改进系统等。通过科学合理的评估方法与工具，农业院校可以更好地服务国家战略需求和社会发展，为全球农业科技进步和可持续发展培养更多优秀的人才。

第十章 学科评估实施与反馈

第一节 学科评估的实施步骤

学科评估的实施步骤是确保评估工作顺利进行的重要环节。科学合理的实施步骤可以确保学科评估的全面性、系统性和科学性，为学科建设和改进提供有力支持。

一、前期准备

前期准备是学科评估工作的基础和关键环节，直接关系到评估的科学性、客观性和有效性。通过明确评估目标和任务、制定详细的评估方案和计划、组建专业的评估工作团队，可以为后续的评估工作奠定坚实的基础，提高评估工作的效率和质量。以下是前期准备的具体内容和步骤。

（一）确定评估目标和任务

确定评估目标和任务是学科评估工作的起点，明确的评估目标和具体的评估任务有助于评估工作的顺利开展。通过明确评估的目的和具体任务，可以确保评估工作的方向性和系统性，从而实现评估工作的预期效果。

1. 明确评估目的

评估目的的明确是学科评估工作的核心，它决定了评估的方向和重点。通过清晰地目的界定，可以有效地指导评估过程，确保评估工作的科学性和实用性。具体目的包括：①提升学科建设水平。通过学科评估，识别学科的优势和不足，提出改进措施，提升学科建设水平。②优化资源配置。评估学科资源使用情况，优化资源配置，提高资源利用效率。③促进学科发展。通过评估，发现学科发展的关键问题，制定发展策略，促进学科的持续健康发展。

2. 确定评估任务

确定评估任务是确保评估工作有序进行的重要步骤。通过具体的任务分解，可以细化评估内容，明确评估标准，确保评估工作全面、系统地开展。具体任务包括：①评估学术水平。通过对学术成果、论文发表、科研项目等的评估，衡量学科的学术水平。②评估科研能力。评估学科的科研项目数量、科研经费、科研成果等，衡量学科的科研能力。③评估教学质量。通过对教学成果、学生培养质量、就业情况等的评估，衡量学科的教学质量。④评估师资队伍。评估学科师资队伍的数量、质量和结构，衡量师资队伍的综合实力。⑤评估社会服务。评估学科在社会服务、技术推广等方面的表现，衡量学科的社会贡献。

（二）制定评估方案和计划

制定评估方案和计划是学科评估工作的重要环节，通过科学合理的评估方案和详细的评估计划，可以确保评估工作的规范性、系统性和可操作性。具体的评估方案和计划有助于明确评估工作的内容、方法和时间安排，确保评估工作有序进行。

1. 制定评估方案

制定评估方案是评估工作的核心环节，通过科学合理的方案设计，可以明确评估的内容、方法和指标，为评估工作的有效实施提供指南和依据。具体内容包括：①评估内容。确定评估的具体内容，包括学术水平、科研能力、教学质量等各个方面。②评估方法。确定评估方法，如问卷调查、数据统计、专家评议等。③评估指标。制定科学合理的评估指标，量化评估内容。④评估时间。制定评估时间安排，确保评估工作按计划进行。

2. 制定评估计划

评估计划是评估工作的实施细则，通过详细的计划安排，可以明确评估工作的时间节点、具体步骤和责任分工，确保评估工作按部就班地进行，避免评估过程的随意性和盲目性。具体内容包括：①时间安排。根据评估方案，制定详细的时间安排，确保评估工作有序进行。②具体步骤。明确评估工作的具体步骤，如数据收集、指标计算、结果分析等。③责任分工。明确评估工作的责任分工，确保每个环节都有专人负责。

（三）组建评估工作团队

组建评估工作团队是确保评估工作顺利开展的基础。通过组建由相关领域的专家、管理人员、技术人员等组成的评估团队，并进行必要的培训，可以确保评估工作的专业性和科学性，提升评估结果的可靠性和有效性。

1. 组建评估团队

组建专业的评估团队是学科评估工作的重要保障。通过选拔具备相关领域知识和经验的专家和工作人员，可以提高评估工作的科学性和权威性，确保评估结果的准确性和公正性。具体内容包括：①团队构成。组建由相关领域专家、管理人员、技术人员等组成的评估团队，确保团队成员具备相关领域的专业知识和经验。②职责分工。明确评估团队成员的职责和分工，确保每个成员都有明确的工作任务。

2. 团队培训

团队培训是评估工作顺利开展的重要一环，通过系统的培训，可以提高评估团队成员的专业素养和技术水平，确保评估工作的高效和精准。培训具体内容包括：①评估方法和工具。对评估团队进行培训，确保团队成员掌握科学的评估方法和工具。②工作流程和规范。培训团队成员熟悉评估工作的流程和规范，提高评估工作的效率和质量。

二、数据收集与整理

数据收集与整理是学科评估的基础性工作，直接影响评估结果的准确性和科学性。通过系统的问卷调查、搭建数据采集系统和全面收集相关数据，确保评估过程中数据的全面性、准确性和时效性，为后续分析提供坚实的数据支持。

（一）开展问卷调查

在农业院校学科建设中，问卷调查作为一种传统的数据收集方法，具有直接、灵活的特点。它能够帮助我们深入了解学科建设的现状和存在的问题，为后续的决策提供依据。以下将从问卷设计、问卷发放和问卷回收三个环节详细阐述问卷调查的实施步骤。

1. 问卷设计

科学合理的问卷设计是确保问卷调查数据质量的基础。问卷需要涵盖评估的各个维度，以便全面、准确地获取与学科建设相关的信息。设计过程中需考虑问卷的逻辑性、简洁性和可操作性，以提高受访者的参与度和回答质量。具体内容包括：①设计科学合理的问卷，涵盖学术水平、科研能力、教学质量、师资队伍、社会服务等方面。②确保问卷问题清晰明了，避免歧义，便于受访者理解和回答。③问题类型包括封闭式问题（提供选项供受访者选择，便于量化分析）和开放式问题（让受访者自由表达意见，获取更深入的反馈）。

2. 问卷发放

问卷发放是确保问卷覆盖面广泛和回收率高的关键环节。通过线上线下多种方式发放问卷，可以确保获取多样化的反馈信息。问卷发放过程中需注意：①发放方式。可以通过电子邮件、在线平台、社交媒体等线上方式发放问卷，扩大覆盖面；采取纸质问卷、现场调研等线下方式，补充线上问卷的不足。②发放策略。可以提前通知受访者，解释问卷目的和重要性，提高参与积极性。同时，设置问卷填写奖励机制，增强受访者参与意愿。

3. 问卷回收

及时有效的问卷回收和整理是确保数据完整性和准确性的关键步骤。对回收的问卷进行系统的检查和整理，可以确保数据的可靠性和有效性。数据回收需注意：①设置问卷回收期限，及时回收问卷，防止遗漏数据。②对回收的问卷进行初步检查，剔除无效或不完整的问卷。③系统整理和录入问卷数据，确保数据的完整性和准确性。④建立数据录入规范，确保数据格式统一。

（二）搭建数据采集系统

随着信息技术的发展，数据采集系统成为农业院校学科建设中的重要工具。一个高效、稳定的数据采集系统能够帮助我们实时、准确地获取和更新学科建设的相关数据，为决策提供数据支撑。以下是数据采集系统建设的关键步骤。

1. 系统设计

数据采集系统设计是评估数据管理的核心，通过科学合理的设计，可以确保系统功能完备，满足评估数据的录入、管理和分析需求。系统设计需考虑用户体验和操作便捷性，以提高数据录入和管理效率。应根据评估指标体系，设计科学合理的数据采集系统，应包括以下三方面内容：①数据录入模块。简化数据录入流程，提高录入效率。②数据管理模块。实现数据的分类存储和管理。③数据分析模块。提供数据分析和可视化功能，支持决策。

2. 系统开发和测试

系统开发和测试是数据采集系统成功应用的关键保障。通过严谨的开发和反复测试，确保系统的稳定性和可靠性，为评估工作的顺利实施提供技术支持。开发流程包括：①需求分析。确定系统功能需求，制定开发计划。②编码实现。根据需求进行系统编码和开发。③测试调试。进行系统测试，发现并解决问题。此外，开发过程中需注意系统性能优化和用户反馈。

3. 数据录入

数据录入是实现数据采集系统功能的重要环节，通过及时、准确地录入和更新数据，确保评估数据的实时性和准确性，为后续的分析提供可靠的数据基础。通过数据采集系统录入数据，需注意：①制定数据录入规范，确保数据格式一致性和规范性。②录入和更新各项评估数据，确保数据的实时性和准确性。③定期检查和更新数据，保持数据的时效性。

（三）收集相关数据

学科建设的数据收集是一个全面而复杂的过程，它不仅需要问卷调查和自动化系统的支持，还需要通过实地调研和访谈等多种方式来获取更加深入和全面的信息。以下将介绍如何全面收集学科建设所需的相关数据。

1. 各类数据收集

多渠道、多方式的数据收集策略是确保数据全面性的有效途径。通过问卷调查、实地调研、访谈等方式，获取多维度的数据，确保数据的丰富性和多样性。主要需要收集的数据包括：①文献资料。收集与学科相关的科研论文、专著、报告等。②实地调研。实地走访相关单位和部门，获取第一手资料。③专家访谈。与领域内专家进行面对面交流，获取专业意见。

2. 数据整理和分类

系统的数据整理和分类是数据分析准确性的前提。通过科学的整理和分类，确保数据的完整性和准确性，为后续的评估分析提供高质量的数据基础。数据整理及其方法包括：①数据筛选。剔除无效和重复的数据，确保数据质量。②数据分类。根据数据内容进行分类存储，便于查找和使用。③数据检查。定期核查数据，确保数据的一致性和逻辑性。

（四）数据分析与应用

数据分析与应用是将收集整理的数据转化为有价值信息的关键步骤。通过科学的数据分析方法和工具，可以揭示学科建设中的问题和潜力，为决策提供依据。以下将介绍数据分析及其在学科建设中的应用。

1. 数据分析方法

选择适当的数据分析方法是确保分析结果准确性的重要前提。根据数据类型和评估需求，选择统计分析、回归分析、因子分析等方法，描述基本数据特征，揭示数据规律。主要的数据分析技术包括：①统计分析。采用描述统计和推断统计，进行数据基本特征分析。②回归分析。研究变量之间的关系，分析影响因素。③因子分析。提取数据的主要特征，为后续分析提供简化模型。

2. 分析工具与软件

运用现代数据分析工具与软件，可以提高数据处理效率和分析精度。选择合适的软件，如 Excel、SPSS、SAS 等，结合数据实际情况进行分析处理。软件及工具选择方法包括：①Excel。适用于基本数据处理和简单统计分析。②SPSS 或 SAS。适用于复杂数据分析和高级统计分析。③Python 或 R。进行复杂数据处理和建模，适用于大数据分析。

3. 结果应用

将分析结果应用于学科建设决策，是数据分析的最终目标。通过分析结果，识别优势和劣势，制定改进措施和学科发展规划，不断提升学科建设水平。具体应用策略包括：①识别学科建设中的问题，提出有针对性的改进措施。②运用分析结果，进行资源分配和优化，提高学科建设效率。③定期评估改进效果，明确建设重点，持续优化学科建设策略。

三、数据分析与评议

数据分析与评议是学科建设评估的重要环节，通过科学的数据统计分析和专家评议，全面揭示学科的现状、问题及发展潜力，为学科建设提供决策支持。以下内容将详细介绍数据分析与评议的实施步骤和方法。

（一）数据统计分析

数据统计分析是学科建设评估的核心环节之一，通过对收集的数据进行系统分析，能够深入揭示学科建设的现状和问题。以下将详细介绍数据整理、数据分析和结果呈现的具体方法和步骤。

1. 数据整理

数据整理是数据分析的基础步骤，通过对原始数据进行整理与清洗，可以确保数据的完整性和准确性，提高分析结果的可靠性。具体内容包括：①对收集的数据进行整理和清洗，剔除无效和重复数据，确保数据的完整性和准确性。②采用数据归一化、缺失值填补等方法处理数据异常，确保数据质量。

2. 数据分析

数据分析是通过系统的统计方法和工具，对整理后的数据进行深入分析，揭示数据背后的规律和信息。使用统计软件和数据可视化工具，可以有效提升分析效率和结果的可读性。具体工具主要包括：①描述统计。计算均值、中位数、标准差等基本统计量，描述数据的基本特征。②相关分析。研究变量之间的相关性，揭示各因素之间的关系。③回归分析。建立回归模型，分析自变量对因变量的影响，预测未来趋势。

3. 结果呈现

结果呈现是将数据分析的结果以直观的方式展示出来，便于理解和决策。通过图表、图形等方式，可以清晰地揭示学科建设的现状和问题，为后续的专家评议和综合评价提供依据。数据可视化方式包括：①使用柱状图、饼图、折线图等图表展示数据特征和趋势。②采用热力图、散点图等高级可视化工具，展示复杂数据关系。

（二）专家评议

专家评议是对学科建设评估的重要补充，通过权威专家的综合评议，可以进一步揭示学科建设的优势、劣势和改进建议，确保评估结果的科学性和客观性。

1. 专家选择

选择具有权威性和公正性的专家，是确保评议结果科学性和客观性的关键。专家应具备丰富的学术背景和评估经验，能够提供专业的评议意见。选择标准应注意：①专家应具备相关领域的学术背景和研究成果。②专家应具有丰富的评估经验和中立性。

2. 评议过程

通过专家组讨论、评议会议等形式，对学科的学术水平、科研能力、教学质量等进行综合评议，全面了解学科建设的实际情况，提出建设性意见。

3. 评议结果

形成专家评议报告，全面反映学科的优势、劣势和改进建议，为学科建设提供决策支持和指导意见。报告内容应包括：①学科建设现状分析。总结学科建设的基本情况和主要成就。②优势与劣势分析。识别学科建设中的优势和劣势。③改进建议。提出有针对性的改进措施和发展策略。

（三）综合评价

综合评价是将数据统计分析和专家评议结果结合，对学科建设进行全面、系统的评估。通过综合分析、SWOT 分析和模糊综合评价，制定有针对性的改进措施和发展策略，提升学科建设水平。

1. 综合分析

结合数据统计分析和专家评议结果，对学科进行综合评价，全面了解学科建设的现状和问题，为后续决策提供依据。综合分析方法包括：①综合考虑定量数据和定性评议，全面评估学科建设情况。②使用加权评分法，根据各项指标的重要性进行综合评分。

2. SWOT 分析

应用 SWOT 分析方法，评估学科的优势、劣势、机会和威胁，制定有针对性的改进措施和发展策略，提升学科竞争力和可持续发展能力。

3. 模糊综合评价

应用模糊综合评价方法，综合考虑学科各项指标的模糊性和不确定性，进行全面评价，确保评估结果的科学性和可靠性。评价模型包括以下两步：①构建模糊综合评价模型，确定评价指标和权重。②进行模糊综合评价，计算综合评价得分。

四、评估报告撰写

评估报告撰写是学科评估的最终环节，通过系统、详细的评估报告，将数据分析和专家评议的结果系统化、书面化，全面反映学科建设的现状、优势、劣势和改进建议。以下将详细介绍评估报告撰写的各个步骤和注意事项。

（一）报告结构设计

科学合理的报告结构是确保评估报告逻辑清晰、内容全面的重要前提。通过设计科学的评估报告结构，可以系统化地呈现评估过程和结果，为学科建设提供全面、系统的指导意见。

1. 设计报告结构

设计科学合理的评估报告结构，是确保报告内容系统化、逻辑清晰的重要步骤。评估报告结构应包括：①评估背景。介绍评估的目的、范围和意义。②评估方法。详细描述评估过程中采用的方法和工具。③评估结果。系统呈现数据分析和专家评议的结果。④改进建议。提出有针对性的改进措施和发展策略。

2. 明确报告内容

明确评估报告的各部分内容，如数据分析结果、专家评议意见、改进建议等，确保各部分内容逻辑严谨，数据翔实，分析深入。同时，确保报告的全面性和系统性，使读者能够全面了解学科建设的现状和评估结果。

（二）撰写评估报告

撰写评估报告是将评估过程和结果系统化、书面化的重要环节，通过详细的报告撰写，可以全面反映学科建设的现状、优势、劣势和改进建议，为学科建设提供科学依据。

1. 报告撰写

根据评估结果，撰写详细的评估报告，全面反映学科建设的现状、优势、劣势和改进建议，使报告内容具有科学性和可操作性。撰写要点包括：①数据分析部分。详细描述数据统计分析的结果和发现。②专家评议部分。系统呈现专家评议的意见和建议。③改进建议部分。提出具体的改进措施和发展策略，具有可操作性和针对性。

2. 报告审核

对评估报告进行审核和修改，是确保报告科学性、准确性和完整性的重要步骤。通过多轮审核和修改，可以提升报告的质量和可信度。审核过程包括：①初稿审核。对报告进行初步审核，检查内容的完整性和逻辑性。②专家审核。邀请相关领域专家对报告进行评审，提出修改建议。③最终修改。根据审核意见对报告进行最终修改和完善。

五、本节小结

学科评估的实施步骤是确保评估工作顺利进行的重要环节。通过科学合理的实施步骤，可以确保学科评估的全面性、系统性和科学性，为学科建设和改进提供有力支持。学科评估的实施步骤包括前期准备、数据收集与整理、数据分析与评议、评估报告撰写。通过科学合理的评估实施步骤，农业院校可以更好地服务国家战略需求和社会发展，为全球农业科技进步和可持续发展培养更多优秀的人才。

第二节　学科评估结果的反馈与应用

学科评估结果的反馈与应用是学科评估工作的最终目标和关键环节。通过科学合理的反馈与应用，可以确保评估结果真正为学科建设和发展服务，推动学科的持续改进和提升。

一、评估结果的反馈

评估结果的反馈是学科评估工作的关键环节，通过系统、透明的反馈机制，可以确保评估结果的有效传播和应用，推动学科建设的持续改进和提升。以下将详细介绍确定反馈对象、反馈形式和反馈内容的具体步骤和方法。

（一）确定反馈对象

确定反馈对象是评估结果反馈的基础，通过明确反馈对象，可以确保评估结果的有效传递，使相关人员能够全面了解学科的现状和改进方向。

1. 学科负责人

学科评估结果应首先反馈给学科负责人，确保其能够全面了解学科的现状和存在的问题，以便制定科学合理的改进措施和发展策略。反馈重点包括：①学科现状。全面介绍学科的当前状况，包括优势和劣势。②存在问题。明确学科建设中存在的主要问题和薄弱环节。③改进方向。提出有针对性的改进建议和措施，指导学科建设。

2. 相关管理部门

研究生处、科研处、人事处等相关管理部门在政策制定和资源配置中，应参考评估结果，以确保学科建设的科学性和系统性。反馈内容的作用包括：①政策指导。提供政策制定的科学依据，提高政策的针对性和有效性。②资源分配。指导学科资源的合理配置，提高资源利用效率。③管理改进。提出管理改进建议，提升学科建设管理水平。

3. 师生代表

邀请学科内的教师和学生代表参加评估结果发布会，确保评估结果的透明度和广泛知晓；与师生代表进行讨论，听取他们的意见和建议，加强师生对学科建设的参与感和认同感。

（二）反馈形式

选择合适的反馈形式，可以确保评估结果的有效传播和应用，使评估结果能够及时、准确地传达到相关人员手中。

1. 书面报告

撰写详细的书面评估报告，包括评估背景、评估方法、评估结果、改进建议等内容，确保报告的科学性和准确性，为学科建设提供科学依据。报告内容主要包括：①评估背景。介绍评估的目的、范围和意义。②评估方法。详细描述评估过程中采用的方法和工具。③评估结果。系统呈现数据分析和专家评议的结果。④改进建议。提出有针对性的改进措施和发展策略。

2. 反馈会议

组织专门的评估结果反馈会议，向学科负责人、相关管理部门和师生代表汇报评估结果，进行详细的解读和讨论，确保评估结果有效传达。会议安排的主要内容包括：①会议准备。准备详细的评估报告和解读材料。②结果汇报。全面汇报评估结果，进行详细解读。③讨论交流。与参会人员进行讨论交流，听取意见和建议。

3. 电子邮件

通过电子邮件将评估报告发给相关人员，确保反馈的及时性和便捷性，使评估结果能够迅速传达到位。邮件发送需注意：①确定收件人。确定评估报告的接收人员名单。②撰写邮件。撰写详细的评估报告和邮件正文，确保信息准确。③及时发送。及时发送评估报告，确保评估结果迅速传达。

（三）反馈内容

反馈内容是评估结果反馈的核心，通过全面、详细的反馈内容，可以使相关人员全面了解学科的现状和改进方向，推动学科建设的持续改进和提升。

1. 评估总体结果

详细介绍学科的整体评估结果，包括学术水平、科研能力、教学质量、师资队伍、社会服务等方面的综合评价，为学科建设提供科学依据。

2. 各项指标分析

对各项评估指标进行详细分析，揭示学科的优势、劣势和存在的问题，为学科建设提供具体的改进方向和措施。

3. 改进建议

根据评估结果，提出有针对性的改进建议和措施，帮助学科明确改进方向和具体步骤，推动学科实现高质量发展。建议内容包括：①改进目标。明确学科建设的改进目标和发展方向。②改进措施。提出具体的改进措施和实施步骤，确保改进工作的可操作性。③资源配置。建议合理配置资源，支持学科建设的持续改进和提升。

4. 优秀案例

分享评估中发现的优秀案例和成功经验供学科借鉴和学习，通过优秀案例的示范作用，提升学科建设水平和质量。案例分享内容包括：①优秀做法。分享评估中发现的优秀做法和成功经验。②案例分析。对优秀案例进行详细分析，揭示其成功的关键因素。③借鉴推广。建议学科借鉴和推广优秀案例中的成功经验，提升学科建设水平。

二、评估结果的应用

评估结果的应用是学科评估工作的关键环节，通过科学合理的计划和具体的实施措施，可以根据评估结果提升学科建设水平，优化资源配置，激发师生积极性，确保学科的持续发展和进步。以下详细介绍如何制定改进计划、实施改进措施、进行政策和资源调整、激励和表彰，以及持续改进与评估的方法和步骤。

（一）制定改进计划

制定改进计划是评估结果应用的首要步骤，根据评估结果，明确学科的改进目标和具体措施，并制定详细的时间表，确保改进工作有序进行。

1. 明确改进目标

根据评估结果，明确学科建设的具体改进目标，如提升学术水平、增强科研能力、优化教学质量等，为后续改进工作提供方向和依据。目标设定包括：①学术水平。提高学术研究的质量和影响力。②科研能力。增强教师和学生的科研能力和创新水平。③教学质量。优化课程设置和教学方法，提升教学效果。

2. 制定改进措施

根据改进目标，制定具体的改进措施和计划，明确改进的具体内容、方法和步骤，确保改进工作的科学性和可操作性。措施制定包括以下内容：①引进高水平人才。通过招聘和引进高水平人才，提升学术和科研能力。②加强科研团队建设。通过组建科研团队、开展科研合作等方式，提升科研水平和能力。③优化课程设置。根据学生和社会需求，优化课程设置和教学内容，提升教学质量。④加强师资培训。通过开展师资培训、提升教师教学和科研能力。

3. 制定改进时间表

根据改进措施和计划，制定详细的改进时间表，明确各项改进工作的时间安排，确保改进工作有序推进和按时完成。时间安排应注意：①分阶段实施。将改进措施分阶段进行，明确每个阶段的目标和任务。②设定节点。在关键节点设定里程碑，确保改进工作按计划推进。③动态调整。建立时间调整机制，根据实际情况动态调整时间安排。

（二）实施改进措施

实施改进措施是改进计划的具体落实，通过有效的实施过程，可以确保改进措施的实际效果，提升学科建设水平。

1. 落实改进措施

按照改进计划，逐步落实各项改进措施，确保改进工作的顺利进行和高效推进。实施措施包括：①资源投入。合理配置和投入资源，支持改进工作的顺利进行。②过程监控。对改进过程进行监控和管理，及时发现问题和不足，进行调整和优化。③成果展示。定期展示改进成果，增强学科的认同感和成就感。

2. 改进效果评估

对改进措施的实施效果进行跟踪和评估，确保改进工作的实际效果，为学科建设的持续改进提供依据。效果评估包括：①数据统计。通过数据统计分析，评估改进措施的量化效果。②问卷调查。通过问卷调查，收集相关人员对改进措施的意见和反馈。③专家评议。邀请专家对改进效果进行评议，提供专业意见和建议。

（三）政策和资源调整

根据评估结果和改进建议，调整和优化学科建设的相关政策和资源配置，确保资源的合理分配和有效使用，推动学科建设持续发展。

1. 政策调整

根据评估结果和改进建议，调整和优化学科建设的相关政策，确保政策的科学性和合理性，为学科建设提供有力支持。政策优化包括以下三个方面：①资源配置政策。根据学科评估结果，优化资源配置政策，确保资源的合理分配和有效使用。②人才引进政策。根据学科建设需要，调整和优化人才引进政策，吸引和留住高水平人才。③科研支持政策。根据评估结果，优化科研支持政策，提升科研水平和能力。

2. 资源调整

根据评估结果和改进建议，调整和优化学科建设的资源配置，确保资源的合理分配和有效使用，提升学科的科研和教学能力。资源配置调整包括以下三个方面：①资金投入。根据学科评估结果，合理调整资金投入，支持学科建设和改进工作。②设备配置。根据学科建设需要，合理配置和更新科研和教学设备，提升学科的科研和教学能力。③人员配置。根据评估结果，合理调整和优化人员配置，提升学科的人力资源水平和能力。

（四）激励和表彰

激励和表彰是学科建设的重要措施，通过对表现突出的学科、团队和个人进行表彰，建立和完善激励机制，可以激发学科内教师和学生的积极性和创造性，推动学科建设持续发展。

1. 表彰优秀

对在学科评估中表现突出的学科、团队和个人进行表彰，激励他们继续努力和提升，营造良好的学术氛围。表彰形式包括：①奖状和荣誉。通过颁发奖状、荣誉称号等形式，对优秀学科、团队和个人进行表彰。②物质奖励。通过发放奖金、奖励基金等形式，激励表现突出的学科、团队和个人。③社会认可。通过新闻报道、社会宣传等方式，提升优秀学科、团队和个人的社会认可度。

2. 激励机制

建立和完善学科建设的激励机制，激发学科内教师和学生的积极性和创造性，推动学科的发展和进步。激励措施包括：①奖励基金。设立专项奖励基金，用于奖励学术和科研成果突出的教师和学生。②科研支持。提供科研经费支持，鼓励教师和学生积极开展科研活动。③职称晋升。通过提升职称晋升机会，激励教师在学术和科研方面的积极表现。

（五）持续改进与评估

持续改进与评估是确保学科建设不断提升和发展的关键，通过定期评估和动态调整，可以及时发现问题和不足，持续优化学科建设的各个方面。

1. 持续改进

根据评估结果和反馈意见，持续改进和优化学科建设，确保学科的持续提升和发展。改进计划包括以下内容：①定期调整。定期制定和调整改进计划，确保改进工作的持续性和有效性。②动态优化。根据最新的评估结果和反馈意见，持续优化改进措施，确保改进工作的质量和效果。③跟踪评估。对改进措施的实施效果进行跟踪和评估，确保改进工作的实际效果。

2. 定期评估

定期开展学科评估工作，确保学科建设的持续监测和改进，通过科学合理的评估方法和及时反馈，推动学科建设的持续发展。评估机制包括以下内容：①评估周期。根据学科建设需要，确定科学合理的评估周期，如每年、每两年进行一次评估。②评估方法。采用科学合理的评估方法，确保评估工作的科学性和系统性。③反馈机制。及时反馈评估结果，确保评估工作的实际效果和应用价值。

三、评估工作的总结与反思

评估工作的总结与反思是学科评估的重要环节，通过对评估过程和结果的系统总结，以及对评估方法和工具的深刻反思，可以发现评估工作的经验和不足，为后续评估工作的改进提供科学依据和方向。以下将详细介绍评估工作的总结、反思和改进的具体步骤和方法。

（一）评估工作的总结

评估工作的总结是对整个评估过程的系统回顾，通过总结评估过程中的经验和教训，可以为未来的评估工作提供宝贵的参考和指导。

1. 总结评估过程

对评估工作的各个环节进行总结，回顾数据收集、数据分析、专家评议等评估过程中的经验和教训，有助于全面了解评估工作的开展情况，为改进评估体系提供依据。

2. 总结评估结果

对评估结果进行总结，明确学科的优势、劣势和改进方向，为学科建设提供科学依据和方向，推动学科实现高质量发展。需要总结以下三个方面：①优势总结。总结学科建设中的优势和亮点，为学科发展提供参考。②劣势总结。总结学科建设中的问题和薄弱环节，明确改进方向。③改进建议。提出基于评估结果的具体改进建议，指导学科建设。

（二）评估工作的反思

评估工作的反思是对评估方法和工具的深刻检讨，通过发现和改进评估方法和工具中的不足，可以提高评估工作的科学性、准确性和效率。

1. 反思评估方法

对评估方法进行反思，发现和改进评估方法中的不足，可以提高评估工作的科学性和准确性，确保评估结果的可信度和可靠性。评估方法可能需要改进的三个方面：①评估模型。反思和改进评估模型，确保模型的科学性和适用性。②评估指标。反思和优化评估指标体系，确保指标的全面性和代表性。③评估过程。反思和改进评估过程，确保评估工作的规范性和系统性。

2. 反思评估工具

对评估工具进行反思，发现和改进评估工具中的问题，可以提高评估工作的效率和效果，确保评估数据的准确性和可靠性。评估工具优化需要反思的三个方面：①数据收集工具。反思和改进数据收集工具，确保数据的完整性和准确性。②数据分析工具。反思和优化数据分析工具，提高数据分析的科学性和准确性。③数据可视化工具。反思和改进数据可视化工具，提高评估结果的直观性和可读性。

（三）评估工作的改进

评估工作的改进是基于总结和反思的系统提升，通过完善评估体系和提升评估能力，可以确保评估工作的科学性和系统性，提高评估工作的质量和效果。

1. 完善评估体系

根据评估工作的总结和反思，完善评估体系，可以提高评估工作的科学性和系统性，确保评估结果的权威性和可靠性。评估体系可能需要完善以下三个方面：①评估标准。完善评估标准，确保评估工作的科学性和权威性。②评估流程。优化评估流程，确保评估工作的规范性和系统性。③评估反馈。完善评估反馈机制，确保评估结果的有效反馈和应用。

2. 提升评估能力

通过培训和引进专业人才，提升评估团队的能力和水平，可以提高评估工作的质量和效果，确保评估工作的科学性和专业性。提升评估能力的方法包括：①专业培训。开展评估专业培训，提高评估团队的专业水平和能力。②人才引进。引进评估专业人才，提升评估团队的整体能力和水平。③经验分享。组织评估经验分享会，推广评估工作中的优秀做法和经验。

四、本节小结

学科评估结果的反馈与应用是学科评估工作的最终目标和关键环节。通过科学合理的反馈与应用，可以确保评估结果真正为学科建设和发展服务，推动学科的持续改进和提升。评估结果的反馈包括确定反馈对象、确定反馈形式和内容；评估结果的应用包括制定改进计划、实施改进措施、政策和资源调整、激励和表彰、持续改进与评估以及评估工作的总结与反思等。通过科学合理的评估结果反馈与应用，农业院校可以更好地服务国家战略需求和社会发展，为全球农业科技进步和可持续发展培养更多优秀的人才。

第三节　国内外第三方学科排名及其评价指标

国内外第三方学科排名及其评价体系为院校提供了较为全面、客观的学科评估标准。这些排名系统通常由独立的第三方机构设计和实施，基于多维度的指标进行评价，具有较高的公信力和影响力。通过了解不同评价体系的指标和方法，学科建设者可以更好地制定发展策略，提升学科实力和国际竞争力。以下是国内外公认度较高的几种第三方学科评价指标及其评价体系的介绍。

一、国外第三方学科排名及其评价指标

国外第三方学科排名体系在全球范围内具有重要的影响力，它们运用多维度的评价指标，为院校和学科提供了翔实的评估和比较依据。这些排名体系不仅帮助学术界了解自身在国际上的位置，也为学科建设和改进提供了宝贵的参考。以下是几个主要的国外第三方学科排名及其评价指标的详细介绍。

（一）ESI（基本科学指标）学科排名

ESI（essential science indicators）是 Clarivate Analytics（科睿唯安，原汤森路透）推出的一个基于文献计量的学术评价工具。它通过对过去十年全球各学科领域内的学术成果进行系统分析，提供了一个评估学者、机构和国家科

研表现和影响力的全面平台。评价指标包括如下。

1. 论文总数

统计特定学科在过去十年内发表的所有论文数量。

2. 引用总数

统计这些论文被引用的总次数，衡量学科的科研影响力。

3. 篇均引用次数

计算每篇论文的平均被引用次数，评估学科科研成果的质量。

4. 高频率被引论文

统计在各学科领域内被引用次数位于全球前 1％的论文数量，反映学科的顶尖研究水平。

5. 热点论文

统计在过去两年内被引用次数位于全球前 0.1％的论文数量，评估学科的最前沿研究成果。

（二）QS 世界大学学科排名

QS 世界大学学科排名是全球较具影响力的学科排名之一，由 Quacquarelli Symonds 公司发布。该排名基于多维度的评价指标，从学术声誉、雇主声誉、研究影响力等方面全面评估学科的综合实力。评价指标包括如下。

1. 学术声誉

基于全球学术界的调查问卷，衡量学科的学术影响力。

2. 雇主声誉

基于全球雇主的调查问卷，评估毕业生的就业竞争力。

3. 篇均论文引用率

衡量学科成员平均研究成果的影响力，通过对学术论文的引用次数进行统计。

4. H 指数

综合评估学科成员发表作品的生产力和影响力。

5. 国际研究网络

评估学科在国际科研合作中的表现。反映高校通过与其他高等教育机构建立可持续的研究伙伴关系，使其国际研究网络（IRN 指数）的地域多样化的能力。

不同学科在这些指标上的权重有所不同，以适应不同学科的特点：①论文密集型学科（如医学），研究引文和 H 指数占比为 25％，更看重学术成果。②论文发表率低的学科（如历史），与研究相关的指标占比为 15％，兼顾教学质量。③艺术和设计类学科，仅根据雇主和学术调查排名，聚焦行业认可度。

（三）上海软科世界一流学科排名

上海软科世界一流学科排名是由上海交通大学高等教育研究院发布的一项权威学科评价体系。该排名关注学科的学术产出、影响力和国际合作等，提供了全面的学科评估视角。评价指标包括如下。

1. 论文的总量（PUB）

在过去五年内发表的论文数量。

2. 论文的标准化影响力（CNCI）

考虑到学科的不同，衡量论文的标准化引用影响力。

3. 国际合作（IC）

反映学科的国际科研合作水平。

4. 高质量的论文（TOP）

在顶级期刊上发表的论文数量。

5. 科研质量（AWARD）

获得国际和国内重要学术奖项的数量。

（四）U. S. News 全球最佳大学学科排名

U. S. News 全球最佳大学学科排名基于广泛的学术数据和问卷调查，从研究声誉、出版物、会议论文等多个维度评估学科的综合实力。该排名体系为学科提供了翔实的数据支持，帮助学科建设者了解自身在国际和区域内的竞争力。评价指标包括如下。

1. 全球和区域研究声誉

基于学术界的问卷调查，评估学科的研究声誉。

2. 学术出版物

衡量学科在主要科研期刊上的论文发表数量。

3. 会议论文

学术会议上发表的论文数量。

4. 标准化引用影响力

衡量学科论文的引用影响力。

5. 国际合作

评估学科在国际科研合作中的表现。

6. 高被引论文

统计学科在各领域中被引用次数最多的一部分论文。

（五）泰晤士高等教育学科排名

泰晤士高等教育学科排名以其综合性和多维度的评价体系著称，涵盖教学、研究、引用、国际视野和行业收入等方面。该排名体系为学科提供了全面的评估标准，帮助学科建设者提升教学质量、科研水平和国际化程度。评价指标包括如下。

1. 教学（学习环境）

包括师生比例、博士学位授予率、教学声誉等。

2. 研究（论文发表量、收入和声誉）

学术声誉调查、研究收入和科研成果的数量与影响力。

3. 引用（研究影响力）

衡量学术论文的引用次数。

4. 国际视野（国际教职工比例、国际学生比例、国际合作）

评估学科的国际化程度。

5. 行业收入（创新）

衡量学科通过技术转移和与行业合作获得的收入。

二、国内第三方学科排名及其评价指标

国内第三方学科排名是衡量院校学科建设水平和综合实力的重要参考。这些排名体系通常由权威的教育和研究机构设计和实施，基于多维度的评价指标进行科学、客观地评估。通过了解不同评价体系的指标和方法，学科建设者可以更好地制定发展策略，提升学科实力和国际竞争力。以下将详细介绍国内主要的第三方学科排名及其评价指标。

（一）教育部学科评估

教育部学科评估是我国最权威的学科评价体系之一，旨在全面评估国内院校学科的建设水平和综合实力。该评估体系通过科学合理的评价指标，提供了明确的发展方向和改进路径，推动学科实现高质量发展。评价指标包括如下。

1. 学科定位与目标

• 发展目标和定位：明确学科的发展方向和目标。

• 国内外影响力：评估学科在国内外的影响力和知名度。

2. 师资队伍

• 教授、副教授数量：衡量高级职称教师数量。

• 博士生导师数量：评估高层次人才的培养能力。

• 高层次人才：包括院士、长江学者等高层次人才的数量和比例。

3. 科研水平

• 科研项目：统计国家级、省部级等各类科研项目的数量和质量。

• 科研经费：衡量学科的科研经费总量及其增长情况。

• 科研成果：包括发表的高水平论文、专著和获得的专利等。

• 科研获奖情况：统计学科获得的各类科研奖项数量和级别。

4. 人才培养

- 研究生培养质量：评估研究生的培养过程和质量。
- 就业率：衡量毕业生的就业情况和就业质量。
- 博后流动站：评估博士后流动站的设立和运行情况。
- 优秀博士论文：统计获得优秀博士学位论文的数量。

5. 学术声誉

通过同行专家的评议，反映学科的学术声誉和影响力。

（二）软科中国最好学科排名

软科中国最好学科排名由上海软科教育信息咨询有限公司发布，以其科学、客观的评价标准广受认可。该排名体系关注学科的学术产出、科研影响力和人才培养等方面，为院校学科建设提供了全面的评估标准。评价指标包括如下。

1. 人才培养

- 本科生和研究生培养数量：统计本科生和研究生的培养数量。
- 博士生和硕士生的毕业率：衡量学科在高层次人才培养方面的表现。

2. 科研成果

- 科研项目：统计获得的国家自然科学基金、国家社会科学基金等项目数量。
- 高水平科研成果：包括高被引论文、热点论文、论文引用次数等。
- 科研获奖：统计学科获得的各类科研奖项数量和级别。

3. 学术影响力

- 学术论文发表数量：衡量学科在国内外重要期刊上发表论文的数量。
- 论文引用率：评估学科论文的引用情况，反映学术成果的影响力。

4. 社会服务与贡献

- 技术推广和应用：评估学科在技术推广和应用方面的表现。
- 产学研合作：统计与企业、政府等合作项目的数量和质量。
- 政策咨询与服务。评估学科在政策咨询和社会服务方面的贡献。

（三）中国研究生教育及学科专业评价

中国研究生教育及学科专业评价体系由国内教育研究机构和专业组织共同参与，旨在对院校研究生教育与学科专业水平进行全面评估。该评价体系注重研究生培养质量、科研成果和学科建设，为提高研究生教育质量提供了重要参考依据。评价指标包括如下。

1. 研究生培养质量

- 研究生培养数量：统计研究生特别是博士研究生的数量。
- 研究生毕业率：衡量研究生的毕业率和学位授予情况。

2. 科研水平

- 科研项目数量：统计学科承担的国家级和省部级科研项目。
- 科研成果质量：评估研究生发表的高水平论文和科研获奖情况。

3. 师资力量

- 博士生导师数量：衡量博士生导师的数量和比例。
- 高层次人才比例：如院士、杰出青年基金获得者等。

4. 就业情况

评估研究生的就业率情况和毕业生去向（就业质量）。

5. 学术声誉

通过同行专家评议，反映学科的学术声誉和影响力。

（四）艾瑞深校友会中国大学一流学科排名

艾瑞深校友会中国大学一流学科排名由艾瑞深中国校友会网发布，是国内较有影响力的学科排名之一。该排名体系通过多维度的评价指标，全面评估院校学科的综合实力和发展潜力，为院校和社会提供重要的参考依据。评价指标包括如下。

1. 学术水平

- 科研成果：统计学科在国内外重要期刊上发表的论文数量及其影响因子。
- 科研项目：评估学科获得的各类科研项目数量和质量。

2. 教学质量

- 师资力量：包括教授、副教授、博士生导师等教师的数量和比例。
- 教学成果：统计学科获得的各类教学成果奖项。

3. 社会声誉

- 学术声誉：通过问卷调查和专家评议，评估学科在学术界的声誉。
- 社会影响力：评估学科在社会服务、政策咨询等方面的影响力。

4. 人才培养

- 生源质量：评估本科生和研究生的生源质量，包括成绩和录取分数线。
- 就业情况：衡量毕业生的就业率和就业质量。

5. 国际化水平

- 国际合作：统计学科与国外院校和科研机构的合作项目。
- 留学生比例：评估学科中留学生的数量和比例。

三、对国内外第三方学科排名的质疑和争议原因

尽管第三方学科排名在院校和学科建设中具有重要的参考价值，但其评价方法、数据来源和结果的公正性等方面常常引发质疑和争议。了解这些问题的

根源，对于改进排名体系和提升学科建设水平至关重要。以下是对第三方学科排名的一些主要质疑和争议原因的详细分析。

（一）数据来源透明度和准确性

数据是排名体系的基础，数据来源的透明度和准确性直接影响排名结果的可信度。然而，很多排名体系在这方面存在问题，导致外界对排名结果的质疑和争议。

1. 透明度

• 数据来源不透明。许多排名体系没有详细说明其数据来源，使得外界难以验证数据的准确性和真实性。

• 学校自报数据。部分排名依赖于学校自行申报的数据，存在数据夸大或失实的可能性。

2. 准确性

• 数据更新滞后。一些排名体系的数据更新不够及时，不能准确反映院校和学科的最新发展情况。

• 数据收集不全面。某些排名可能忽略了部分重要数据，如国际合作项目、社会服务等，从而影响排名结果的全面性。

（二）评价指标和权重设置

评价指标和权重设置是排名体系的重要组成部分，其合理性直接影响排名的科学性和公正性。然而，现有的许多排名体系在指标选择和权重设置上存在较多争议。

1. 指标体系的全面性

• 指标单一。许多排名体系偏重量化指标（如科研经费、发表论文数量），忽视了定性指标（如教学质量、社会影响）。

• 忽视学科特性。不同行业、学科特点迥异，但许多排名体系采用"一刀切"的指标，可能无法准确反映各学科的独特性。

2. 权重设置的合理性

• 指标权重设置主观性强。在不同排名体系中，指标权重的设置往往缺乏科学依据，更多依赖主观判断。

• 忽视实际需求。部分排名忽视学科实际需求，如农业学科需要更多考虑社会服务和应用，但这些在某些排名中权重较低。

（三）评价方法的科学性和公正性

评价方法的科学性和公正性是排名体系可信度的重要保障。然而，现有的许多排名在评价方法上存在一定的局限性，导致排名结果受到质疑。

1. 科学性

• 过分依赖量化数据。许多排名体系过于依赖量化数据，如论文数量和引用次数，而忽略了这些数据背后的质量和影响力。

•缺乏创新性。一些评价方法相对传统，未能充分考虑新兴学科和跨学科的发展需求。

2. 公正性

•主观评价偏差。同行评议等主观评价方法可能受到专家个人偏见的影响，导致评价结果不够客观。

•利益冲突。部分排名可能受到商业利益的影响，存在排名结果不公正的问题。

（四）学科声誉和社会影响力

学科声誉和社会影响力是评价院校和学科综合实力的重要方面，但其评价方法的主观性和难以量化性也引发了较多争议。

1. 声誉的主观性

•声誉评价主观性强。学科声誉评价往往依赖于问卷调查和专家评议，存在较大的主观性和偏见。

•知名度影响排名。知名度较高的学校和学科更容易获得高评价，而一些新兴或特色学科可能被忽视。

2. 社会影响力的评价

•难以量化。社会影响力难以进行客观量化，评价标准较为模糊和主观。

•忽视实际应用。部分排名体系对学科的实际应用和社会服务重视不足，影响了评价的全面性。

四、基于多个第三方学科排名的综合排名及其优劣

综合多个第三方学科排名，通过整合不同评价体系的优势和克服其局限性，旨在提供一个更加全面、公正和科学的学科评价方式。然而，这一方法在实际操作中面临诸多挑战。以下是对综合排名优势和劣势的详细分析。

（一）优势

综合多个第三方学科排名的优势在于其能够提供多维度的评价、提高公信力以及增强适应性和灵活性。这些优势有助于更全面和准确地反映学科的综合实力。

1. 多维度评价

•全面性。综合多个排名体系，可以涵盖更多的评价指标，从科研、教学、社会服务等多维度对学科进行评价，提高评价的全面性和准确性。

•平衡性。通过综合不同排名体系的结果，可以平衡各体系的优缺点，减少单一排名体系的偏差和误差。

2. 提高公信力

•减少主观偏见。综合多个排名可以减少单一体系中的主观偏见和利益冲突，提高评价结果的公信力。

•数据验证。通过对比不同排名的数据和结果，可以验证数据的真实性和准确性，提高可信度。

3. 适应性和灵活性

•学科特性。综合排名可以根据具体学科的特点进行调整，如增加对农业学科社会服务和应用效果的评价权重，提高评价结果的适应性和灵活性。

•动态调整。综合排名体系可以根据不同时间、地域和学科的发展变化进行动态调整，提供更具时效性的评价结果。

（二）劣势

尽管综合多个排名体系能够提供更全面的评价，但其在实际操作中也面临复杂性和操作难度、权重设置的争议以及数据一致性和可比性等问题。这些劣势需要在设计和实施过程中加以克服。

1. 复杂性和操作难度

•数据处理复杂。不同排名体系的数据来源、处理方法和评价标准不同，综合排名需要对这些数据进行统一和标准化处理，操作难度较大。

•技术要求高。综合多个排名体系需要较高的技术和专业知识，对数据分析和处理要求较高。

2. 权重设置的争议

•权重统一难。不同排名体系的指标权重不同，综合排名需要对这些权重进行统一和调整，可能存在较大争议。

•主观判断多。综合排名体系中权重的设置可能依赖于主观判断，存在权重设置不合理的风险。

3. 数据一致性和可比性

•数据来源不一致。不同排名体系的数据来源和统计方法不同，可能导致数据一致性和可比性问题。

•标准差异大。不同排名体系对同一指标的定义和计算方法可能存在差异，难以进行统一处理。

五、本节小结

基于多个第三方学科排名的综合排名具有多维度评价、提高公信力和适应性等优势，但也面临复杂性和操作难度、权重设置争议以及数据一致性和可比性问题。通过科学调整和合理权衡，可以提高综合排名的应用价值，推动学科发展和院校建设。

第四节　学位授权点评估

学位授权点合格评估是我国学位授权审核制度和研究生培养管理制度的重要组成部分，分为专项合格评估和周期性合格评估。其中，专项合格评估针对新增学位授权点获得学位授权满 3 年后进行，而周期性合格评估每 6 年进行一轮，涉及获得学位授权满 6 年的学位授权点和专项合格评估结果达到合格的学位授权点。此外，部分（2020 年指定 30 个）专业学位授权点，且通过专项评估或合格评估的专业学位授权点须参评水平评估。

一、专项合格评估

（一）评估范围

新增学位授权点获得学位授权满 3 年后，均应当接受专项合格评估。此外，在 3 年前学位授权点专项合格评估中被认定为"限期整改"，并按规定整改期满的学位授权点也应当接受专项合格评估。

（二）评估组织

本次专项合格评估由国务院学位委员会办公室负责，委托相关的全国专业学位研究生教育指导委员会（以下简称教指委）组织实施。

（三）评估内容

专项合格评估主要检查学位授权点水平和研究生培养质量，包括目标定位、研究方向、师资队伍（队伍结构、导师水平、师德师风）、人才培养质量和特色（招生选拔、培养方案、课程教学、学术训练或实践教学、学位授予）、科学研究、社会服务、学术交流、条件建设和制度保障等。重点检查本期参评点整改问题是否全面落实到位，收到实效。专项合格评估标准和要求不低于被评学位授权点增列时所遵循的学位授权点申请基本条件。具体评估指标与内容，由各教指委结合人才培养特点分别制订。

（四）评估程序及要求

（1）各教指委按照本通知要求，根据各专业学位类别实际，研究制订专项合格评估工作方案，在规定日期前报国务院学位委员会办公室，由国务院学位委员会办公室转发相关省级学位委员会和学位授予单位。

（2）专项合格评估工作方案应包括评估方式、评估指标与内容、评估程序、评估材料及时间节点要求，反馈评估意见和接受异议的时限、方式，处理异议的具体办法等。

（3）学位授予单位根据专项评估工作方案组织评估材料并提交有关教指委，同时上传至全国学位与研究生教育质量信息平台。提交和上传的材料应真实、准、完整。涉密信息应当按国家保密规定脱密处理。

（4）学位授予单位拟主动放弃的参评点，应在评估当年规定日期前向省级学位委员会提交放弃的书面申请。省级学位委员会汇总相关情况后，于评估当年规定日期前报至国务院学位委员会办公室。

（5）各有关教指委根据专项评估工作方案，组织专家评阅参评点评估材料。参评专家一般应为教指委委员。评估相关工作主要采取通讯评议、视频会议、实地考察等方式进行。

（6）各有关教指委组织参评专家在充分评议基础上，对参评点进行表决。参加评议的人数须达到全体教指委委员数的 2/3 以上（含 2/3），每位专家对学位授权点提出"合格"或"不合格"的评议意见。对于复评的学位授权点，评议意见为"不合格"的比例不足 1/3 的，评议结果为"合格"；评议意见为"不合格"的比例超过 1/3（含 1/3）的，评议结果为"不合格"。未按时提交参评点评估材料且未申请主动放弃的，该参评点按"不合格"处理。教指委汇总评议情况和表决结果，对参评点主要问题和具体改进建议形成评估意见。

（7）教指委在表决结束后 10 个工作日内，通过全国学位与研究生教育质量信息平台等渠道，向参评点所属学位授予单位反馈评估表决结果、可能的后果，以及具体评估意见。参评点所属学位授予单位对评估意见提出异议的，教指委应按评估工作方案作出处理。

（8）各教指委应将本次专项合格评估报告（应包括参评点评估表决统计结果、评估意见、异议处理情况、反馈学位授予单位的意见等）按期报国务院学位委员会办公室。

（五）评估纪律与监督

各有关单位、组织、专家和人员应严格遵守廉洁自律及评估纪律，坚决排除非学术因素的干扰。评议专家应严格执行《关于进一步严格学位授权点专项评估工作纪律的通知》要求，严肃评估纪律。对存在弄虚作假和违反纪律规矩的单位或个人，将按照有关规定严肃处理。

有关单位或个人在评估过程中如有任何异议，可向国务院学位委员会办公室反映。

（六）结果处理

国务院学位委员会办公室汇总评估结果后报国务院学位委员会审批。国务院学位委员会根据评估结果，对参评点分别做出继续授权或撤销学位授权的处理决定。评估结果及处理决定向社会公开。

二、周期性合格评估

周期性合格评估每 6 年进行一轮次，每轮次评估启动时，获得学位授权满

6 年的学位授权点和专项合格评估结果达到合格的学位授权点，均应当接受周期性合格评估。

（一）评估时间安排

周期性合格评估分为学位授予单位自我评估和教育行政部门抽评两个阶段，以学位授予单位自我评估为主。学位授予单位应在每轮次评估第 1 年底前确认参评学位授权点，确认名单报省级教育行政部门备案，并于第 5 年底前完成自我评估；学位授权点未确认参评或未开展自我评估的情形将作为确定周期性合格评估结果的重要依据。教育行政部门在每轮次评估第 6 年开展抽评。

（二）组织实施单位

博士学位授权点周期性合格评估由国务院学位委员会办公室组织实施，硕士学位授权点周期性合格评估由省级学位委员会组织实施。军队所属学位授予单位学位授权点周期性合格评估，由军队学位委员会组织实施。学位授权点周期性合格评估基本条件为启动当期评估时正在执行的学位授权点申请基本条件。

（三）学位授予单位自我评估基本程序

学位授予单位自我评估为诊断式评估，是对本单位学位授权点建设水平与人才培养质量的全面检查。学位授予单位应当全面检查学位授权点办学条件和培养制度建设情况，认真查找影响质量的突出问题，在自我评估期间持续做好改进工作，凝练特色。鼓励有条件的学位授予单位将自我评估与自主开展或参加的相关学科领域具有公信力的国际评估、教育质量认证等相结合。

（1）根据学位授权点周期性合格评估基本条件、学位授权点自我评估工作指南，结合本单位和学位授权点实际，制定自我评估实施方案。

（2）组织学位授权点进行自我评估，应建立有学校特色的自我合格评估指标体系，对师资队伍、学科方向、人才培养数量质量和特色、科学研究、社会服务、学术交流、条件建设和制度保障等进行评价。把编制本单位《研究生教育发展质量年度报告》和《学位授权点建设年度报告》作为自我评估的重要环节之一，贯穿自我评估全过程。《研究生教育发展质量年度报告》和《学位授权点建设年度报告》经脱密处理后，应在本单位门户网站发布。

（3）根据国务院学位委员会办公室制订的数据标准，定期采集学位授权点基本状态信息，加强对本单位学位授权点质量状态的监测。

（4）组织校内外专家通过查阅材料、现场交流、实地考察等方式，对学位授权点开展评议，提出诊断式意见。专业学位授权点评议专家中，行业专家一般不少于专家人数的1/3。

（5）根据专家评议意见，提出各学位授权点的自我评估结果，自我评估结果分为"合格"和"不合格"。作出自我评估结果所依据的标准和要求不得低于学位授权点周期性合格评估基本条件。对自我评估"不合格"的学位授权点，一般应在自评阶段结束前完成自主整改，整改后达到合格的按"合格"上报自我评估结果，达不到合格的按"不合格"上报自我评估结果。根据各学位授权点评议结果和整改情况，形成《学位授权点自我评估总结报告》。

（6）每轮周期性合格评估的第 3 年和第 6 年的 3 月底前，应当向国务院学位委员会办公室报送参评学位授权点截至上一年底的基本状态信息。

（7）每轮周期性合格评估第 6 年 3 月底前，向指定信息平台上传自我评估结果、自我评估总结报告、专家评议意见和改进建议，以及参评学位授权点连续 5 年的研究生培养方案。

（四）教育行政部门抽评基本程序

1. 抽评工作的组织

抽评博士学位授权点的名单由国务院学位委员会办公室确定，委托国务院学位委员会学科评议组（以下简称学科评议组）和全国专业学位研究生教育指导委员会（以下简称专业学位教指委）组织评议。抽评名单确定后，应通知有关省级学位委员会、专家组和学位授予单位。抽评硕士学位授权点的名单及其评议由各省级学位委员会分别组织。

2. 抽评学位授权点的确定

教育行政部门在自我评估结果为"合格"的学位授权点范围内，按以下要求确定抽评学位授权点。

（1）抽评学位授权点应当覆盖所有学位授予单位；

（2）各一级学科和专业学位类别被抽评比例不低于被抽评范围的 30％，现有学位授权点数量较少的学科或专业学位类别视具体情况确定抽评比例；

（3）评估周期内有以下情形的，应加大抽评比例；

①发生过严重学术不端问题的学位授予单位；

②存在人才培养和学位授予质量方面其他问题的学位授予单位。

（4）评估周期内学位论文抽检存在问题较多的学位授权点。

3. 评议专家组成

学科评议组、专业学位教指委和省级学位委员会设立的评议专家组（以下统称专家组），是开展学位授权点评议的主要力量。每个专家组的人数应为奇数，可根据评估范围内学位授权点的学科或专业学位类别具体情况，增加同行专家参与评估。评议实行本单位专家回避制。

4. 评议的基本标准和要求

专家组制定评议方案，确定评议的基本标准和要求，报负责抽评的教育行政部门备案，并通知受评单位。抽评的基本标准和要求不低于周期性合格评估基本条件。

5. 评议方式和评议材料

专家组应根据《学位授权点合格评估办法》制定议事规则。专家评议以通讯评议方式为主，也可根据需要采用会议评议方式开展。评议材料主要有《学位授权点自我评估总结报告》《学位授权点基本状态信息表》、学位授予单位《研究生教育发展质量年度报告》《学位授权点建设年度报告》、近5年研究生培养方案、自评专家评议意见和改进建议，以及专家组认为必要的其他评估材料。

6. 评议结果

每位抽评专家审议抽评材料，对照本组学位授权点周期性合格评估标准，对学位授权点提出"合格"或"不合格"的评议意见，以及具体问题和改进建议。专家组应汇总每位专家意见，按照专家组的议事规则，形成对每个学位授权点的评议结果。全体专家的1/2以上（不含1/2）评议意见为"不合格"的学位授权点，评议结果为"不合格"，其他情形为"合格"。

博士学位授权点的评议情况、评议结果及可能产生的后果、存在的主要问题和具体改进建议由学科评议组或专业学位教指委向受评单位反馈，并在规定时间内受理和处理受评单位的异议。硕士学位授权点评议的相关情况、评议结果及可能产生的后果、存在的主要问题和具体改进建议由省级学位委员会向受评单位反馈，并在规定时间内受理和处理受评单位的异议。

7. 评议结果报送

学科评议组、专业学位教指委和省级学位委员会根据评议情况和异议处理结果，形成相应学位授权点抽评意见和处理建议，编制评估工作总结报告，向国务院学位委员会办公室报送。

8. 抽评期间的专项检查

国务院学位委员会办公室可在抽评期间适时组织对抽评工作的专项检查。

（五）异议处理

（1）学位授予单位如对具体学位授权点评议结果存有异议，应按评估方案要求，博士学位授权点向学科评议组或专业学位教指委提出申诉，硕士学位授权点向省级学位委员会提出申诉，并在规定时间内提供相关材料。

（2）博士学位授权点的异议，有关学科评议组或专业学位教指委应当会同有关省级学位委员会进行处理，组织本学科评议组或专业学位教指委成员成立专门小组进行实地考察核实，确有必要的可约请学科评议组或专业学位教指委之外的同行专家。实地考察的规程和要求由专门小组制订。硕士学位授权点由省级学位委员会组织专门小组进行实地考察核实。

（3）博士学位授权点异议处理专门小组结束考察后应向本学科评议组或专

业学位教指委报告具体考察意见。

（4）学科评议组或专业学位教指委经充分评议后，形成博士学位授权点的抽评意见和处理建议。省级学位委员会根据专家组评议意见及专门小组的考察报告，审议形成硕士学位授权点的抽评意见和处理建议。

（5）国务院学位委员会办公室汇总学位授予单位自我评估结果，以及学科评议组、专业学位教指委、省级学位委员会抽评结果，进行形式审查。

对形式审查发现问题的，请有关学科评议组或专业学位教指委进行核实并补充相关材料；对审查通过的，按以下情形提出处理建议：

①对有如下情形之一的学位授权点，提出继续授权建议。

A. 自我评估结果为"合格"且未被抽评的学位授权点；

B. 抽评专家表决意见为"不合格"的比例不足 1/3 的学位授权点。

②对有如下情形之一的学位授权点，提出限期整改建议。

A. 自我评估结果为"不合格"的学位授权点；

B. 抽评专家表决意见为"不合格"的比例在 1/3（含 1/3）至 1/2（含 1/2）之间的学位授权点。

③对抽评专家表决意见为"不合格"的比例在 1/2（不含 1/2）以上的学位授权点，提出撤销学位授权建议。

（6）国务院学位委员会办公室向国务院学位委员会报告学位授权点周期性合格评估完成情况及有关学位授权点处理建议。国务院学位委员会审议有关材料，作出是否同意相关处理建议的决定。有关决定向社会公开。

（六）评估结果使用

（1）教育行政部门将各学位授予单位学位授权点合格评估结果作为教育行政部门监测"双一流"建设和地方高水平大学及学科建设项目的重要内容，作为研究生招生计划安排、学位授权点增列的重要依据。

（2）学位授予单位可在周期性合格评估自我评估阶段，根据自我评估情况，结合社会对人才的需求和自身发展情况，按学位授权点动态调整的有关办法申请放弃或调整部分学位授权点。学位授予单位不得在抽评阶段申请撤销周期性合格评估范围内的学位授权点。

（3）对于撤销授权的学位授权点，5 年内不得申请学位授权，其在学研究生可按原渠道培养并按有关要求授予学位。

（4）限期整改的学位授权点在规定时间内暂停招生，进行整改。整改完成后，博士学位授权点接受国务院学位委员会办公室组织的复评；硕士学位授权点接受有关省级学位委员会组织的复评。复评合格的，恢复招生；达不到合格的，经国务院学位委员会批准，撤销学位授权。根据抽评结果作限期整改处理的学位授权点，在整改期间不得申请撤销学位授权。

（七）组织实施

专项合格评估由国务院学位委员会办公室统一组织，委托学科评议组和专业学位教指委实施。

（1）专项合格评估标准和要求不低于被评学位授权点增列时所遵循的学位授权点申请基本条件。

（2）评估结果按《学位授权点合格评估办法》第十一条、第十三条的规定进行处理，限期整改的学位授权点复评由国务院学位委员会办公室组织。

（3）未接受过合格评估（含专项合格评估和周期性合格评估）的学位授权点，正在接受专项合格评估的学位授权点，以及接受专项合格评估但评估结果未达到合格的学位授权点，不得申请撤销学位授权。

（八）其他事项

学位授予单位应当保证自我评估材料的真实可信，评估材料存在弄虚作假的学位授权点，将被直接列为限期整改的学位授权点。

（1）各有关单位、组织、专家和相关工作人员应严格遵守评估纪律与廉洁规定，坚决排除非学术因素的干扰，对在评估活动中存在违纪行为的单位和个人，将依据有关纪律法规严肃处理。

（2）省级学位委员会、军队学位委员会和学位授予单位，可根据《学位授权点合格评估办法》制定相应的实施细则。

三、专业学位水平评估

全面落实立德树人根本任务，把立德树人成效作为检验学校一切工作的根本标准。突出人才培养质量评价，以学生实践创新能力和职业胜任能力为核心，推动专业学位人才培养模式改革；强化行业需求导向，重视用人单位反馈评价，推动人才培养与行业发展交融互促；发挥评估诊断、改进、督导作用，促进培养单位找差距、补不足，推动我国专业学位研究生教育高质量、内涵式发展；推进评价改革，构建和完善符合专业学位发展规律、具有时代特征、彰显中国特色的专业学位水平评估体系。

（一）基本原则

一是聚焦立德树人，突出职业道德。强调思政教育成效，突出体现职业道德和职业伦理教育，推动构建一体化育人体系，将立德树人根本任务落地、落细、落实。

二是聚焦培养质量，强化特色定位。突出专业学位高层次、应用型、复合型专门人才培养要求，强化分类评价，引导培养单位明确定位、发挥特色、内涵发展，促进专业学位人才培养模式改革。

三是聚焦行业需求，强调职业胜任。重视考察人才培养与社会需求的契合度、学生的职业胜任能力和用人单位的满意度，检验人才培养与行业需求的衔接情况，推动进一步健全专业学位产教融合培养机制。

（二）评估重点内容

以人才培养质量为核心，围绕"教、学、做"三个层面，构建教学质量、学习质量、职业发展质量三维度评价体系。指标体系共包括 3 项一级指标、9 项二级指标、15～16 项三级指标，重点考察以下内容。

1. 教学质量

（1）思政教育特色与成效。坚持把思政教育放在人才培养首位，加强思政教育成效评价，重点考察"三全育人"综合改革情况，展现培养单位在课程思政改革、意识形态阵地管理、基层党组织建设、思政队伍建设及实践育人等方面的特色做法及成效。强调职业道德与职业伦理教育评价，考查学生职业精神与社会责任感培养成效。

（2）课程与实践教学质量。强调课程教学与学生实践创新能力培养的有机融合，重点考察课程体系建设、校外资源参与教学、案例教学应用与开发建设等方面的情况，以及对学生应用能力和职业能力培养的支撑成效。强调专业实践质量评价，重点考察实践基地实际使用及支撑专业学位人才培养的实效。强调师资队伍质量评价，重点考察师德师风机制与成效、校内外师资总体充裕性和结构合理性、代表性导师的实践教学能力以及指导学生投入度和效果等。

（3）学生满意度。通过问卷调查，考查学生对思政教育、课程与实践教学、导师指导的整体满意度。

（4）培养方案与特色。强调特色定位与发展优势，重点考察各培养单位目标定位与社会需求的衔接情况、高水平研究成果与校外资源等培养资源对培养目标的支撑情况、培养方案与行业企业的协同情况。

2. 学习质量

（1）在学成果。强调学生综合运用知识解决实际问题的能力和在学成果的实践创新性，重点考查学生在学期间取得的案例分析、创新创业成果、设计、技能展示等应用性成果，强调专业学位论文的应用性和行业应用价值。针对体育、艺术、汉语国际教育等不同专业学位类别特点，在应用性成果、学位论文等方面分类设置考察内容。

（2）学生获得感。强调学生的实际获得感和成长度，通过问卷调查，考查学生在实践能力、创新能力、综合素质提升和知识体系构建等方面的获得感和成长情况，特别考察毕业生的职业能力提升情况。

3. 职业发展质量

（1）毕业生质量。强调毕业生职业发展质量，关注总体就业质量，考察毕业生就业创业率、就业结构、整体职业吻合情况、职业能力发展和岗位提升等情况。注重代表性毕业生情况评价，考察其职业发展情况、主要成就、贡献与影响。

（2）用人单位满意度。强调人才培养与社会需求的衔接度和适应度，通过用人单位问卷调查，重点考察用人单位对毕业生职业能力、职业道德与职业伦理等方面的满意度。

（3）服务贡献与社会声誉。强调服务贡献评价，重点考察培养单位在服务国家战略需求、区域经济发展、行业创新发展等方面的主要贡献和典型案例，多角度呈现人才培养等方面的办学特色与亮点。强调社会声誉评价，考察培养单位人才培养的社会认知度和美誉度。

（三）评估范围和要求

2020 年《全国专业学位水平评估实施方案》中指定的评估范围包括：金融、应用统计、税务、国际商务、保险、资产评估、审计、社会工作、体育、汉语国际教育、应用心理、翻译、新闻与传播、出版、文物与博物馆、建筑学、城市规划、农业、兽医、风景园林、林业、公共卫生、护理、药学、中药学、中医、旅游管理、图书情报、工程管理、艺术（戏剧、戏曲、电影、广播电视、舞蹈、美术、艺术设计领域）等 30 个专业学位类别。

各学位授予单位在 2015 年 12 月 31 日获得上述专业学位授权，且通过专项评估或合格评估的专业学位授权点须参评。

（四）评估程序

评估程序包括参评确认、信息采集、信息核查、专家评价、问卷调查、权重确定、结果形成与发布、持续改进 8 个环节。

1. 参评确认

各学位授予单位登录"全国专业学位水平评估系统"，对评估范围内的专业学位授权点参评情况进行确认。教育部学位与研究生教育发展中心（以下简称"教育部学位中心"）对各学位授予单位确认后的参评资格进行审核。

2. 信息采集

采用公共数据获取与各参评单位审核补充相结合的信息采集模式，如补充思政教育、服务贡献案例等必要材料，减少填报材料数量。各参评单位应积极配合采集工作，保证填报信息真实、可靠。

3. 信息核查

通过形式审查、逻辑检查、公共数据比对、证明材料核查、重复数据筛查、重点数据抽查、信息公示等方式，对参评单位填报信息进行核查。在确保国家信息安全的前提下，在参评单位范围内公示相关数据。核查结果与公示异议将反馈参评单位进行核实、处置和再次确认。

4. 专家评价

按照"随机、保密、回避"原则，遴选思政教育专家、各专业学位专家、行业专家等对定性评价部分进行分项评价；建立专业学位专家库、扩展具有丰富实践经验的专家资源，制定专家评价标准和指南；采用基于定量数据、证据的专家"融合评价"，提高专家评议质量。

5. 问卷调查

通过网络平台，面向在校生、毕业生和用人单位进行问卷调查，获取相关评估数据。邀请同行专家和部分行业专家结合培养方案与特色成效，对专业学位进行综合声誉评价。

6. 权重确定

广泛听取各教指委等专家对指标体系权重的意见，通过汇总统计，确定各专业学位类别指标体系的最终权重。

7. 结果形成与发布

根据定量和定性指标评价结果及指标权重，形成评估结果。按照专业学位类别及领域呈现总体评估结果，并根据需要提供多种形式的分类评估结果。

8. 持续改进

为更好发挥评估体检和诊断作用，按需为各相关单位提供分析服务报告，各学位授予单位依据评估结果或分析服务报告，排查专业学位研究生教育薄弱环节和存在问题，提出针对性持续改进举措，促进研究生培养质量不断提升。

（五）组织实施

国务院教育督导委员会办公室负责制定全国专业学位水平评估政策文件、实施方案，并对评估工作进行监督指导。积极构建"管办评"分离、多方参与的评估模式，委托教育部学位中心负责具体实施全国专业学位水平评估。有关省（区、市）教育行政部门按照评估工作安排，指导本行政区域内的评估工作（不含军队院校）。各学位授予单位负责做好本单位符合参评条件的专业学位授权点确认、评估材料报送等工作，并对评估发现的问题进行整改。军队院校评估工作由中央军委训练管理部职业教育局另行组织实施。

（六）评估纪律

评估工作实行信息公开制度，严肃评估纪律，开展"阳光评估"，广泛接受培养单位、教师、学生和社会的监督，确保公平公正。评估方案公布了国务院教育督导委员会办公室联系人和电话、教育部学位与研究生教育发展中心联系人和电话。

全国专业学位水平评估指标体系框架如表 10-1 所示。

表 10 - 1 全国专业学位水平评估指标体系框架

一级指标	二级指标	三级指标
A. 教学质量	A0. 培养方案与特色	S0. 培养方案与特色
	A1. 思政教育成效	S1. 思政教育特色与成效
		S2. 职业道德与职业伦理教育情况
	A2. 课程与实践教学质量	S3. 课程教学质量
		S4. 专业实践质量
		S5. 师资队伍质量
	A3. 学生满意度	S6. 学生满意度
B. 学习质量	B1. 在学成果	S7. 应用性成果
		S8. 学位论文质量
		S9. 毕业成果质量（部分专业学位）
		S10. 学生比赛获奖（部分专业学位）
		S11. 学生艺术创作获奖、展演（展映、展览）、发表（部分专业学位）
		S12. 获得职（执）业资格证书情况（部分专业学位）
	B2. 学生获得感	S13. 学生获得感
C. 职业发展质量	C1. 毕业生质量	S14. 总体就业情况
		S15. 代表性毕业生情况
	C2. 用人单位满意度	S16. 用人单位满意度
	C3. 服务贡献与社会声誉	S17. 服务贡献
		S18. 社会声誉

说明：按专业学位类别（领域）分别设置 36 套指标体系，各类别（领域）按专业学位特点分别设置 15～16 个三级指标。各专业学位类别三级指标的具体表述和观测点有所不同。

第十一章 学科国际评估及其案例分析

国际学科评估是全球高等教育发展的重要趋势之一，它通过国际权威专家参与的调研评判、科学的评估指标和严谨的评估流程，为农业院校的学科建设提供全面、客观的反馈。通过国际学科评估，农业院校可以了解自身在国际学术界的位置，明确自身的优势与不足，从而制定更加科学、合理的发展战略，提升学科教学和科研水平的国际竞争力。

第一节 学科国际评估的历史背景和现实意义

学科国际评估的起源和发展与国际教育竞争的加剧密切相关。了解其历史背景和现实意义，有助于农业院校科学规划学科建设，提升国际竞争力。

一、学科国际评估的历史背景

（一）学科国际评估的起源

学科国际评估起源于美国高校的自我评估，可以追溯到 20 世纪 20 年代，如当时的伊利诺伊大学、俄亥俄州立大学、明尼苏达大学、普渡大学等就建立了相关的教育研究委员会或机构对大学内部运行情况和相关状态进行评估。美国加州大学伯克利分校是较早实施国际同行评议的学校，第一次官方评估始于1971 年对法语系的评估；评估以改善办学条件为目标，有一整套完善的制度和严格的程序，力求客观公正，评估结果可信度高，为大学制定学科发展决策、保持学术领先地位提供了重要参考。随着全球化进程的推进，各国对高等教育质量和学术水平的重视程度逐渐提高。

（二）发展历程

随着时间的推移，学科国际评估的范围和方法逐渐丰富和多样化。从最初的少数发达国家逐步扩展到全球范围内，不同地区和国家根据自身的教育发展需求，发展出各具特色的评估体系。例如，美国的研究生院排行、国家研究委员会的博士学科评价、英国的科研评价、德国高等教育发展中心的学科排名等。同时，评估方法也从单一的同行评审发展到数据驱动、综合评估等多种模式的结合。这一发展历程体现了各国对高等教育国际化和质量控制的不断探索和完善。

进入 21 世纪以来，从 2002 年清华大学物理系作为中国首个进行国际评估的大学案例开始，国内部分建设世界一流大学的高校开始引入国际评估的做法。上海交通大学、清华大学、复旦大学、浙江大学等先行先试，开展了部分学科的国际评估试点工作，取得了良好的反响并积累了有益的经验。

(三) 国际化趋势

在全球化背景下，高等教育的国际化趋势日益明显，学科国际评估成为高校提升国际竞争力的重要手段。通过参与国际学科评估，高校不仅可以了解自身在国际上的学术地位，还可以借鉴其他高校的成功经验，推动自身的学科建设和发展。国际化趋势促使农业院校不断优化自身的学科评估方法，以更好地适应全球教育发展的需求。

二、学科国际评估的现实意义

(一) 优化资源配置

通过科学的评估方法和翔实的数据分析，农业院校可以优化资源配置，提升资源利用效率，实现资源投向的精准性和动态调整，确保资源配置与学科发展战略相契合。农业院校应充分利用学科国际评估的结果，科学制定资源配置方案，提升学科建设水平和综合实力，推动学科的全面和可持续发展。

(二) 提升学科整体水平

学科国际评估通过对学术成果、科研项目、师资力量等方面的全面评估，促进农业院校不断提升学科整体水平。通过评估，农业院校可以发现自身的优势和不足，有针对性地进行改进，从而提升整体学术水平。评估过程中的反馈和建议为农业院校提供了宝贵的参考，帮助其在学术研究和教学方面取得更大进步。

(三) 增强国际竞争力

参与学科国际评估能够使农业院校在国际上获得更多的认可和关注。评估结果不仅为农业院校的国际排名提供重要依据，还能吸引更多的国际优秀师资和学生，增强农业院校的国际竞争力。被国际知名评估机构认可的农业院校，往往在国际学术界和教育界中享有更高的声誉和影响力。

第二节 学科国际评估的主要模式和评价维度

学科国际评估是学术界和教育界衡量高校学科建设水平和综合实力的重要手段。本节将深入探讨学科国际评估的主要模式和评价维度，旨在帮助高校更好地理解和应用评估结果，实现资源的最优配置和学科的全面发展。下面将详细介绍主要评估模式及其评价维度。

一、主要评估模式

学科国际评估的模式多种多样，每一种模式都有其独特的侧重点和方法论。本书将介绍三种主要的评估模式，分别关注教学质量和人才培养、科研产出以及高校整体发展。通过深入分析这些模式，可以为农业院校提供更具针对性的改进策略和资源配置方案。

（一）注重教学质量和人才培养的评估模式

注重教学质量和人才培养的评估模式主要关注高校在教育教学方面的表现，包括课程设置、教学方法、师资力量和学生培养质量等。这一模式强调通过高质量的教学和人才培养，提升农业院校的学术和社会声誉。

1. 评估方法

这一评估模式通常采用问卷调查、访谈、课堂观察及教学文件审查等方法，综合评价教学质量。

2. 数据收集与分析

数据收集包括学生评教、毕业生就业调查、教学效果评估等。分析方法多样，包括定量分析与定性分析的结合。

3. 评价指标

主要评价指标包括教师的教学水平、课程的适应性、学生的学习效果、毕业生的就业率和继续深造率等。

（二）注重科研的评估模式

注重科研的评估模式旨在衡量高校在科研方面的表现，包括科研项目、论文发表、科研成果转化等。该模式强调通过高水平的科研活动，提升农业院校的创新能力和学术影响力。

1. 评估方法

这一模式通常采用文献计量分析、科研项目审查、科研成果评估等方法，对科研产出进行全面评估。

2. 科研产出分析

主要包括科研论文的数量和质量、科研项目的数量和经费、科研成果的转化和应用等。

3. 创新能力评价

评价指标包括创新项目的数量和质量、专利成果、科研团队的创新能力、国际合作与交流等。

（三）注重高校整体发展的评估模式

注重高校整体发展的评估模式综合考虑学校的各个方面，包括教学、科研、社会服务等。该模式强调高校的综合实力和整体发展规划，通过全面评估，提供整体性的发展建议。

1. 综合评估方法

采用多维度、多层次的综合评估方法，包括定量数据分析和定性评估相结合。

2. 数据驱动

强调基于大数据的分析，通过数据挖掘和分析，提供精准的评估结果。

3. 战略规划

评价高校的整体发展战略，包括发展目标、实施方案、资源配置等。

二、主要评价维度

学科国际评估的评价维度多种多样，涵盖了从历史渊源到未来发展规划的方方面面。理解这些基本维度，可以帮助农业院校全面认识自身的优势和不足，有针对性地进行改进和提升。以下将详细介绍主要的评价维度。

（一）本单位及相关学科的历史渊源

了解学科的历史渊源可以帮助评估其长期积累的学术实力和贡献。历史渊源评价维度包括学院的发展历程、历史贡献和学术传承等。

1. 学院学科发展历程

分析学院和相关学科的创立、发展、变迁和重大事件，以了解其历史背景和演进过程。

2. 历史贡献

评估学科在历史上所取得的重要成就和对社会、经济、学术界的贡献。

3. 学术传承

评价学科的学术传统和传承，包括知名学者、经典著作和学术思想的影响力。

（二）发展目标和愿景

明确的学科发展目标和愿景是学科持续发展的动力之源。发展目标和愿景评价维度包括学科战略定位、未来发展目标和愿景规划等。

1. 学科战略定位

分析学科在高校整体发展中的定位和角色，包括核心竞争力和特色。

2. 未来发展目标

评估学科设定的中长期发展目标和具体的实施计划。

3. 愿景规划

评价学科的愿景，包括对未来发展的期望和规划，以及为实现愿景所采取的措施。

（三）近五年发展现状

近五年的发展现状评估可以直观反映学科的当前实力和发展态势。包括科学研究、人才培养、队伍建设和社会服务等多个方面。

1. 科学研究

• 论文著作：评估学科发表的科研论文和著作的数量和质量。

• 科研项目：评估学科承担的科研项目的数量、级别和经费情况。

• 科研奖励：分析学科获得的科研奖励的来源和等级。

• 专利成果：评估学科在科研创新和专利成果方面的表现。

2. 人才培养

• 毕业生质量：评价学科培养的毕业生的学术水平和毕业论文质量。

• 就业率：分析毕业生的就业情况和就业质量。

• 继续深造率：评估毕业生继续深造的比例和深造学校的层次。

3. 队伍建设

• 教师数量：分析学科专职教师的数量和结构。

• 学历结构：评估教师队伍的学历层次和专业背景。

• 国际化程度：评价学科教师的国际化水平，包括国外学历、国际合作和交流等。

4. 社会服务

• 社会贡献：评估学科在社会服务和技术推广方面的贡献和影响力。

• 技术推广：分析学科在技术推广和应用方面的成果。

• 合作项目：评估学科与企业、政府和其他院校合作项目的数量和质量。

（四）面临的主要困难和挑战

识别和分析学科面临的主要困难和挑战，有助于制定有针对性的改进措施。包括内部环境分析、外部环境分析、面临的瓶颈和改进措施等。

1. 内部环境分析

评估学科内部的优势、劣势和存在的问题。

2. 外部环境分析

分析学科外部的机会和威胁，包括政策环境、市场需求和竞争态势。

3. 面临的瓶颈

识别学科发展中的瓶颈问题，包括资源瓶颈、人才瓶颈和创新瓶颈。

4. 改进措施

提出有针对性的改进措施和解决方案，帮助学科克服困难，实现可持续发展。

三、本节小结

通过详细分析学科国际评估的主要模式和评价维度，农业院校可以更好地理解评估结果，进行科学的资源配置和战略规划，推动学科的全面发展和综合实力的提升。农业院校应充分利用评估结果，优化资源配置，实现学科的跨越式发展。

第三节　学科国际评估的国内实践

国内高校在引入和实施国际学科评估方面积累了丰富的经验。本节将介绍国内学科国际评估的实践，包括其理念和原则、目标、组织机构和流程等关键环节。通过对这些方面的详细介绍，旨在为其他高校提供参考和借鉴，推动学科建设和发展的不断进步。

一、评估理念和原则

科学的评估理念和原则是确保学科国际评估公正性、客观性和实效性的基础。国内高校在实施学科国际评估时，始终坚持科学性、客观性和实效性的原则，以保证评估结果的准确性和可靠性。

（一）科学性

评估应基于科学的方法和严谨的流程，确保评估的每个环节都具备科学依据和可操作性。

（二）客观性

评估过程应尽量避免主观偏见，采用客观数据和标准化指标，确保评估结果的客观公正。

（三）实效性

评估不仅要反映学科的现状，更要为学科的改进和发展提供实际指导和可操作的建议。

二、评估目标

明确的评估目标是学科国际评估取得实效的前提。国内高校通过设定科学合理的评估目标，旨在全面提升学科的学术影响力、科研能力、师资队伍和教学质量，从而推动学科的全面发展。

（一）提升学术影响力

通过评估，识别和挖掘学科的学术优势和潜力，提升学科在国内外的学术影响力和知名度。

（二）增强科研能力

评估旨在发现学科在科研方面的不足和改进空间，增强学科的科研能力和创新水平。

（三）优化师资队伍

通过评估，分析师资队伍的结构和水平，提出优化措施，提升师资队伍的整体素质和国际化水平。

（四）提高教学质量

评估还关注教学质量的提升，通过系统评估，推动教学改革和创新，提高人才培养质量。

三、评估组织机构

科学的评估组织机构是确保评估工作有序高效开展的重要保障。国内高校通常设立评估委员会、专家小组和职能部门，分工协作，共同推进评估工作。

（一）评估委员会

评估委员会由校领导和学术骨干组成，负责评估工作的总体规划和指导，确保评估工作的顺利进行。

（二）专家小组

专家小组由学术专家和行业精英组成，负责具体的评估工作，包括数据分析、指标计算和结果验证。

（三）职能部门

职能部门负责评估工作的组织协调、数据收集和管理，以及评估报告的撰写和发布。

四、评估流程

科学严谨的评估流程是确保评估质量和效果的关键。国内高校在实施学科国际评估时，通常遵循以下流程，包括前期准备、数据收集、数据分析、专家评审和结果发布与改进。

（一）前期准备

1. 确定评估范围和对象

由于国内高校的学科设置和学科边界与国际上存在一定差异，为确保学科具有国际评价和比较体系，高校需在整合校内学科专业时，充分注意国际学科划分的通行标准。被评学科应具备扎实的学科基础和较强的国际化水平，且与国际同类机构的合作基础较好，便于国际比较。选择进入 ESI 数据前 1‰ 或 1‰、H 指数排名靠前的学科，尤其是理工科和管理类学科。例如，清华大学对物理、工业工程、数学、管理、新闻与传播学、生命科学等学科进行了评估，上海交通大学则评估了数学和物理学科。这些学科在 ESI 和 QS 专业排名中有对应的国际标准，使评估更接近国际水准，更科学。

2. 成立评估工作组

组建由相关领域专家和管理人员组成的评估工作组，负责评估的具体实施。

3. 制定评估计划

制定详细的评估计划，包括时间安排、工作流程和评估标准等。

（二）数据收集

1. 问卷调查

通过问卷调查收集师生和相关利益方的意见和建议，获取第一手数据。

2. 文献计量分析

采用文献计量学方法，分析学科的科研产出和学术影响力。

3. 数据库查询

利用各类学术数据库，收集学科的科研成果和项目数据。

（三）数据分析

1. 数据处理

对收集到的数据进行整理和处理，确保数据的完整性和准确性。

2. 指标计算

依据评估标准，计算各项指标，量化评估结果。

3. 结果验证

对计算结果进行验证，确保评估结果的可靠性和科学性。

（四）专家评审

1. 专家遴选

选择具备丰富学术和行业经验的专家，特别是教育发达国家的高水平专家，组成评审小组。

2. 评审会议

召开评审会议，对数据分析结果进行讨论和审核，形成评审意见。

3. 反馈汇总

汇总评审意见，形成初步评估报告，并征求相关方的反馈意见。

（五）结果发布与改进

1. 评估报告撰写

根据评审意见和反馈，撰写最终评估报告，翔实记录评估过程和结果。

2. 结果发布

将评估结果告知学校、学科和相关职能部门负责人，确保评估结果传达到位。

3. 改进措施制定

根据评估结果，制定具体的改进措施和行动计划，推动学科的持续改进和发展。

五、本节小结

通过详细介绍国内学科国际评估的理念和原则、目标、组织机构和流程，旨在为其他高校提供科学的评估方法和实践经验，推动学科建设水平的不断提高。农业院校应充分借鉴国内外的评估实践，优化评估体系，实现学科的跨越式发展。

第四节　学科国际评估案例分析

通过实际案例，可以更直观地了解学科国际评估的具体实施过程。本节将以乌普萨拉大学（Uppsala University）和北京大学（Peking University）为例，说明其学科国际评估的行动框架。这两所学校在国际评估中积累了丰富的经验，其成功的实践为其他高校提供了宝贵的借鉴。

一、乌普萨拉大学的学科国际评估

乌普萨拉大学是瑞典最古老的大学之一，具有深厚的学术传统和卓越的国际声誉。其学科国际评估行动框架在全球范围内具有重要的参考价值。以下将详细介绍乌普萨拉大学的历史背景、学科设置、国际声誉及其评估行动框架。

（一）乌普萨拉大学概述

1. 历史背景

乌普萨拉大学成立于 1477 年，是瑞典乃至北欧最古老的大学之一。建校之初，大学的教学主要集中在哲学、法学和神学三大领域。

2. 学科设置

经过 500 多年的变革与发展，乌普萨拉大学已经转型为一所现代化的世界高等学府，拥有医学与药学、科学与技术、艺术与社会科学三大学科群和九大院系。

3. 国际声誉

在 2022 年全球四大权威大学排名中，乌普萨拉大学在 U. S. News 世界大学排名、泰晤士高等教育世界大学排名、QS 世界大学排名、软科世界大学学术排名中，分别位列第 113、131、124、89 位。乌普萨拉大学的校友中不乏世界知名人物，包括诺贝尔奖的创立者瑞典化学家阿尔弗雷德·贝恩哈德·诺贝尔、瑞典生物学家卡尔·冯·林奈、瑞典物理化学家阿伦尼乌斯、联合国前秘书长道格·哈马绍以及 Skype 的创始人尼可拉斯·曾斯特罗姆。截至 2022 年，乌普萨拉大学共有 16 位校友和教职工曾荣获诺贝尔奖，使其成为瑞典拥有最多诺贝尔奖得主和瑞典皇家科学院院士校友的大学。

（二）评估行动框架

1. 评估目标与范围

2007 年，质量与革新项目（瑞典语 Kvalitet och Fornyelse 2007，简称 KoF07）由乌普萨拉大学校长发起，在大学董事会的支持下顺利实施。KoF07 的目标是按照国际标准对乌普萨拉大学的所有院系进行科研评估，以识别科研优势领域、发现新的科研增长点，并寻找未来的科研机遇，最终提升学校的科研实力。这种评估学术研究的方法在瑞典尚属首次。

2. 组织架构与职责

质量与革新项目的组织架构主要由以下四个部分组成：①项目管理小组。负责领导整个项目，包括项目负责人和评估办公室。②咨询小组。在 KoF07 项目中，咨询小组由 6 名成员组成，包括三大学科领域的负责人（院长）、教育科学院的院长、质量评估部门的负责人，以及一位从事科研的学生代表。③学术委员会。这是一个由乌普萨拉大学和瑞典农业科学大学组成的联合机构，负责为外部专家的实地考察提供行政支持。④外部文献计量分析专家组。由荷兰莱顿大学的科学与技术研究中心（Center for Science and Technology Studies，University of Leiden，简称 CWTS）承担，负责对乌普萨拉大学在过去五年中发表的科研著作进行文献计量分析。

3. 评估方法与流程

质量与革新项目的评估方法与流程由两个独立部分组成：①同行评估过程，旨在全面了解院系的科研条件、活动和成就。参与同行评估的专家均为国际学术界的顶尖学者，他们在乌普萨拉大学进行为期一周的实地考察。考察前，专家们需仔细研读由各院系提供的背景材料。每个专家小组由一名主席领导，负责撰写评估总结报告和结论，并参与挑选小组成员。②由 CWTS 进行文献计量分析，对乌普萨拉大学过去 5 年发表的学术出版物进行评估。分析指标包括学术出版物的数量和被引率，并与国际相关学科（领域）进行比较。此外，在 KoF11（2011 年的质量与革新项目）中，人文社会科学领域还额外采用了挪威国家模型的文献计量研究。值得注意的是，文献计量分析的结果不会提供给实地考察的专家组。这样通过同行评审和文献计量分析两种不同的方法，确保科研质量评级的相对客观性。

4. 评估单元

在质量与革新项目中，基本的评估单元是学院，因为学院是大学组织中的合法实体，适合在评估过程中处理不同阶段的问题。有时，一个学院可能包含若干个独立的研究团队或其研究活动较为分散，因此在需要简要书面描述院系研究状况时，将学院作为评估单元是更为合适的选择。此外，还有一些特殊情况。例如，有的学院的附属部门可能与其他学院的部门组合成一个适合的评估单元，以便接受特定专家小组的评估。有时，一些同质性较高的学院会联合组成一个群体，接受专家组的评估。此外，某些跨学科研究中心，即使不属于任何学院，也会作为独立单元进行评估。

5. 评估包

在专家进行实地考察前，需提供一套精简且信息丰富的背景材料。这项设计旨在促进院系教师的协作，以形成对当前研究活动和未来规划的共识。评估包包含三组提供给专家小组的材料：①自评资料。书面描述院系正在进行的研究活动、未来计划和愿景，并精选一定数量的出版物或研究成果以展示研究水平。在 KoF11 中，还需说明 KoF07 中获得的建议是如何处理的，以及对科研改进的影响。②可量化的质量指标。文件中统计了诸如成果和任务等能够代表研究质量和水平的指标，这些指标通过频率计算得出。③事实和数据。从大学基本数据库中提取的数据，包括员工人数、研究考试、出版率及经济状况等，以对院系状况的简要描述。除了以上三组文件，还有一份职责范围文件，描述了评估背景、目标、方法、标准，以及专家小组的工作模式。文件中使用的质量评级采用国际比较标准，相对排序为：顶级质量或世界领先、国际高标准、国际知名标准、可以接受的标准以及不足。该文件还描述了专家小组的工作安排、主席的特别责任，以及评估任务中的其他重要事项，如保密和信任。

6. 专家报告模板

每个专家小组都会获得一个报告模板，以确保评估报告的相对一致性和对重要问题的覆盖。专家小组的报告需包括以下 8 个方面：院系或单元的总体评价、研究质量、研究环境和基础设施、研究网络与协作、创新机会与新兴科学、成功发展的行动策略、KoF07 评估效果（这一项在 KoF11 中新增），以及其他专家认为对大学质量改进重要的问题。

7. 挑选专家

每个专家小组由多位国际专家组成，并配有一名来自瑞典其他大学的成员，其专业领域最好与小组的学科领域相近。小组主席应为一位知名度高、诚信度高并具相关经验的一流学者。评估专家的挑选方法包括相关搜索或系主任提名，经学院讨论后提交给项目管理方。少数情况下，因与评估对象关系密切而被认为不合格的提名者会被排除。在 KoF07 中，共有 24 个评估专家小组，共 176 名专家。在 KoF11 中，共 25 个专家小组，共 192 名专家。女性专家在 KoF07 和 KoF11 中分别占比为 23% 和 28%。同时，KoF07 中有 23% 的专家也参与了 KoF11，但担任的角色有所不同。

8. 实地考察

实地考察是评估的关键环节，旨在深入审视学校科研的优势与劣势，特别是潜在的优劣势。专家小组需在院系花费足够时间进行实地考察，并在考察结束前提交报告草案，最终报告将在考察结束后两周内发送给相关院系。在 KoF07 中，24 个专家小组在乌普萨拉大学进行了为期一周的考察，这些考察分布在三个不同的工作周内进行。在 KoF11 中，25 个专家小组也进行了类似的为期一周的考察，主要安排在两个不同的工作周。

9. 文献计量分析

文献计量分析为质量与革新项目的独立部分，针对乌普萨拉大学研究出版物进行。在 KoF07 和 KoF11 中，由莱顿大学 CWTS 的专家对乌普萨拉大学在 2002—2006 年和 2007—2010 年的研究成果进行分析。虽然文献计量分析的效度因学科领域的不同而异，但将学术产出作为衡量学术表现的方式具有合理性。争议主要集中在出版渠道和如何处理其差异上。在自然科学与医学领域，英语期刊文章是主要的出版形式，而在人文与社会科学领域，其他语言的文章和著作则是学术传播的常见方式。

二、北京大学的学科国际评估

北京大学是中国顶尖的综合性大学之一，具有悠久的历史和卓越的学术声誉。其学科国际评估行动框架在中国高校中具有示范作用。以下将详细介绍北京大学的历史背景、学科设置、国际声誉及其评估行动框架。

（一）北京大学概述

1. 历史背景

北京大学创立于 1898 年，位列国家"双一流 A 类""985 工程""211 工程"，是中国近现代第一所综合性大学，也是中国高等教育的发源地之一。北大在中国现代化进程中发挥了重要作用，培养了大量杰出人才。

2. 学科设置

截至 2023 年 12 月，北京大学设有人文、理学、社会科学、经济与管理、信息与工程、医学 6 个学部，1 个跨学科类，1 个研究生院，涵盖 11 个学科门类。共有 56 个博士学位授权一级学科点和 56 个硕士学位授权一级学科点。此外，还设有 7 个专业学位博士授权点和 29 个专业学位硕士授权点。总计有 262 个博士学位点和 285 个硕士学位点，并拥有 49 个国家一流学科和 54 个博士后流动站。

3. 国际声誉

北京大学在国际大学排名中居于前列，特别在自然科学、人文学科和社会科学领域享有很高的国际声誉，吸引了众多国际学生和学者。2022 年 11 月，QS 亚洲地区大学排名发布，北京大学超过新加坡国立大学成为亚洲第一；在同年的软科世界大学学术排名全球第 34 名。

（二）评估行动框架

1. 评估目标与范围

北京大学的国际同行评议旨在推动院系和学科积极思考其发展趋势，明确各学科在国际上的定位，清晰识别与世界一流大学的优势与差距。通过评议，进一步发挥现有学科的优势，探索新的发展方向，确保学科发展的深度和质量，实现从外延发展向内涵发展的转变，提升国际竞争力。2013 年 7 月，北京大学启动了院系国际评估，首批评估的两个院系分别是城市与环境学院、环境科学与工程学院，涉及地理学、环境科学与工程、生态学 3 个一级学科。后来，国际同行评议范围逐渐扩大到其他理工科院系（机构）和部分人文社科的学科领域，并以更加主动的方式进行自我评估，对标世界一流的学科建设成果，旨在推动学科建设发展，助力创建世界一流大学。

2. 组织架构与职责

北京大学学科建设委员会作为评议的领导机构，联合学科、教学、科研、财务、人事和国际合作等职能部门，组成工作小组以支持国际同行评议工作。各学院设立评估实施小组，具体负责评估工作的执行。

3. 邀请高水平专家团队以保障评议质量

国际评议专家组由北京大学聘请，直接向学校领导负责，并独立于被评估院系。专家组由该学科的国际知名学者组成，遴选专家的原则包括：研究领域具有代表性和相关性，所属院校应为国际知名学府，候选专家通常应有院校管理岗位的经历，并适当体现国别和性别的多样性。专家组规模为 7 人或以上，且人数一般为单数，其中包括 1 位来自校内同一学部（但非被评议院系）的专家。2013—2021 年，共邀请了 106 位专家，其中包括 13 位校内专家和 93 位校外专家。校外专家来自中国台湾、香港、澳门地区以及美国、英国、意大利、澳大利亚、日本、印度等 14 个国家。其中，有 40 人是美国科学院院士、美国工程院院士、欧洲皇家科学院院士或诺贝尔奖得主，43 人担任所在机构的管理职务。高水平的评议专家团队为评议的权威性、客观性和参考性提供了充分保障。

4. 评估方法与流程

评估方法包括通讯审阅与现场评议。北京大学建立了完善的国际同行评议流程（图 11 - 1），在时间节点和工作内容上均有明确安排，制定了评议工作指南、评议工作协作表、专家邀请函、专家劳务协议等一系列标准化文本。通过规范化、标准化以及明确的任务分工，确保评议工作的高效率和高质量进行。

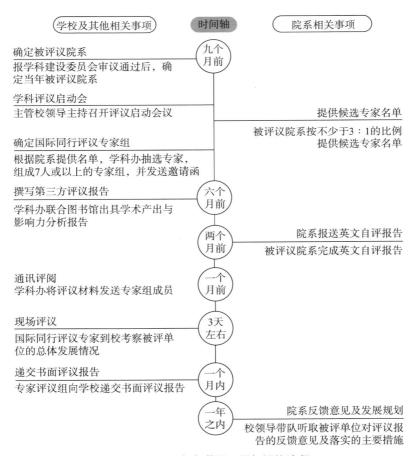

图 11 - 1　北京大学国际同行评议流程

5. 提供结合院系自评与第三方数据的评议材料

为确保专家获取的信息全面、客观且准确，北京大学各评议院系提供全英文的院系自评报告和第三方分析报告。院系自评报告从科学研究、人才培养、队伍建设和社会服务等多个角度出发，对单位及相关学科的历史背景、发展目标与愿景、近五年发展状况，以及面临的主要困难和挑战进行定性与定量相结合的总结分析。撰写自评报告的过程也是院系管理层对整体情况进行深入自检的机会，由于没有排名和考核的压力，报告能够真实地反映院系及学科的发展状态，客观分析其优势与劣势，为听取专家建议和制定发展战略奠定良好基础。此外，学校还提供《学术产出与影响力分析报告》（第三方分析报告），从文献计量的角度分析被评议学科及其所在院系的学术产出与影响力。这为专家评议提供了更充分的定量信息参考，确保评估结果的准确性和科学性。

6. 通讯审阅与现场评议

在现场评议之前，专家组通过通讯审阅被评议学科和单位的自评报告，以形成对其整体和全面的认识，并对学科的优势和潜在问题进行初步评估，从而在现场评议中进行高效、重点明确的交流。在专家组抵达北京大学并正式进入院系前，安排了科研、人事、研究生教育、本科生教育、学科建设和科技开发等政策讨论环节，以帮助专家组了解中国高校，特别是北京大学的政策背景和管理机制，从而更有针对性地进行评议。现场考察内容包括专家听取被评议单位领导的报告，与师生员工及校友代表座谈，考察实验室，旁听课程，以及与校领导进行研讨和报告。这些环节旨在全方位考察被评议单位的整体发展情况，全面分析学科发展的优势与劣势、机遇与挑战，并提供综合评估报告。

7. 评估结果与改进措施

评议过程不进行打分或排名，而是为学科或院系提供类似"综合体检报告"的发展现状评估及建议。评估报告不仅帮助学科制定发展策略和路径，也为学校判断学科发展情况及进行资源调配提供重要参考。

三、本节小结

通过分析乌普萨拉大学和北京大学的学科国际评估行动框架，可以看出，科学的评估方法和严谨的评估流程是学科评估成功的关键。农业院校应借鉴这些成功案例，优化自身的评估体系，推动学科的全面提升和可持续发展。

参 考 文 献

陈文博，2022. 学科评估与大学内外部资源配置：大学趋同化的理性解释［J］. 当代教育论坛（5）：43-51.

程燕珠，杨朝晖，2020. 地方农林高校新农科发展的 Swot 分析及优化路径［J］. 中国农业教育（3）：34-40.

代凡也，2022. 系统构建新农科高质量建设体系［J］. 中国高等教育（23）：43-45.

甘海燕，2022. 广西巩固拓展脱贫攻坚成果同乡村振兴有效衔接的路径研究：以农业全产业链为视角［J］. 南宁师范大学学报（哲学社会科学版）（1）：13-28.

顾明远，1999. 教育大辞典．简编本［M］. 上海：上海教育出版社．

关付新，2023. 农业强国目标下新农科人才培养的定位和特色［J］. 高等农业教育（3）：33-39.

国务院，2021. "十四五"推进农业农村现代化规划［EB/OL］. https://www. gov. cn/gong-bao/content/2022/content_5675948. htm.

韩嘉俊，2014. 百农矮抗 58 获 2013 年国家科技进步奖一等奖［J］. 农家参谋·种业大观（1）：1.

郝水源，宝格日乐，2018. 地方性本科院校教师在转型时期如何服务区域社会经济发展：以河套学院教师服务区域农业产业为例［J］. 长江丛刊（33）：210.

何峰，姜国华，2015. 以学科国际评估推进一流大学建设的实践和思考：基于北京大学国际同行评议的考察和分析［J］. 学位与研究生教育（11）：5.

河南农业大学发展规划处，2024. 河南农业大学学科建设三年行动计划（2018-2020 年）［EB/OL］. https://ghc. henau. edu. cn/a/xuekejianshe/20190109/238. html.

湖南农业大学学科建设办公室，2024. 湖南农业大学"十三五"学科建设发展规划［EB/OL］. https://xkjs. hunau. edu. cn/syljs/zcwj_5547/201709/t20170928_211467. html.

黄容霞，WIKANDER L，2014. 一个学科国际评估的行动框架：以学科评估推进世界一流大学建设的一个案例［J］. 中国高教研究（2）：42-46.

黄怡然，2023. 基于扎根理论的乡村绿色发展模式比较研究［D］. 泰安：山东农业大学．

霍文琦，张杰，2014. 时代呼唤大学生人文精神的回归［N］. 中国社会科学报，02-17（A01）．

吉林农业大学研究生院，2024. 吉林农业大学学科专业建设"十四五"规划［EB/OL］. https://yjsy. jlau. edu. cn/news. php？nid＝151.

教育部办公厅，2024. 关于印发《新农科人才培养引导性专业指南》的通知［EB/OL］. http://www. moe. gov. cn/srcsite/A08/moe_740/s3863/202209/t20220919_662666. html.

教育部办公厅，农业农村部办公厅，国家林业和草原局办公室，等，2024. 关于加快新农科建设推进高等农林教育创新发展的意见 [EB/OL]. http://m. moe. gov. cn/srcsite/A08/moe＿740/s3863/202212/t20221207＿1023667. html.

李愿峰，鲍印广，赵勇，等，2023. 面向农业强国建设的高等农林教育创新发展研究：全国涉农高校发展规划与学科建设协作组第十次研讨会综述 [J]. 中国农业教育（5）：13-21.

刘天文，张天浩，朱维全，2024. 共同富裕视域下涉农高校助力乡村振兴的路径探讨 [J]. 农业经济（2）：115-118.

潘宏志，2014. 我国农科类高校优势学科建设研究 [J]. 高等农业教育（4）：32-34.

潘可欣，2020. 奏响"新农科"建设三部曲引导广大农科毕业生在乡村振兴中建功立业 [J]. 中国大学生就业（17）：3.

沈雪峰，冯乃杰，邓伟强，等，2023. 乡村振兴战略背景下地方农业院校涉农学科群特色建设构想 [J]. 大学教育（4）：22-24.

石振霞，2022 新农村建设环境下的农业经济管理优化策略 [J]. 农业开发与装备（8）：71-73.

宋艳波，路媛媛，刘振宇，等，2023. 涉农高校农业与工程跨学科导学共同体培养研究生创新型人才 [J]. 农业工程（11）：105-107.

田梦谣，2023. 湖北省高等教育资源布局优化研究 [D]. 武汉：长江大学.

王长纯，2000. 学科教育学概论 [M]. 北京：首都师范大学出版社.

魏欢，2014. 我国高校开展学科国际评估的分析与思考：以"211工程"三期建设中高校国际评估为例 [J]. 教育研究（7）：6.

谢志坚，安志超，李亚娟，2023. 基于科技小院的农业拔尖创新人才培养模式探究 [J]. 中国大学教学（8）：17-21.

俞蕖，2022. 大学评估何处去？国际评估在中国一流大学的兴起，扩散与制度化 [J]. 中国高等教育评估（1）：14-24.

张平文，贺飞，何洁，等，2021. 把脉问诊、对标一流：北京大学学科国际同行评议的探索与启示 [J]. 大学与学科（3）：108-117.

张荣天，钟悦，2023. 涉农高校服务乡村振兴人才培养路径探索与实践 [J]. 智慧农业导刊（20）：128-131.

郑志松，2011. 建立河南省粮食生产持续稳定增长的科技创新机制 [J]. 河南农业（1）：2.

中国科技成果管理研究会，国家科技评估中心，中国科学技术信息研究所，2019. 中国科技成果转化年度报告2018（高等院校与科研院所篇）[M]. 北京：科学技术文献出版社.

朱以财，刘志民，张松，2019. 中国高等农业教育发展的历程、现状与路径 [J]. 高教发展与评估（1）：15.

附　　录

附录Ⅰ　农学门类下的一级学科和二级学科

一级学科代码	一级学科名称	二级学科名称（或学科范围）
0901	作物学	作物栽培学与耕作学、作物遗传育种、种子科学与技术、作物信息科学与技术、作物生产系统与生态工程
0902	园艺学	果树学、蔬菜学、观赏园艺学、茶学、设施园艺学
0903	农业资源与环境	土壤学、植物营养学、农业农村环境保护与治理、土地资源学、农业资源循环利用、农业绿色发展
0904	植物保护	植物病理学、昆虫学、农药学
0905	畜牧学	动物遗传育种学、动物繁殖学、动物营养与饲料科学、智慧养殖与动物生产学、特种动物科学
0906	兽医学	基础兽医学、预防兽医学、临床兽医学、动物药学、中兽医学、兽医公共卫生学、实验动物学与比较医学、兽医生物工程学、兽医生物信息学
0907	林学	林木遗传育种学、森林培育学、森林保护学、森林经理学、野生动植物保护与利用学、园林植物与观赏园艺学、经济林学、自然保护地学
0908	水产	水产养殖学、捕捞学、渔业资源学、水产遗传育种与繁殖、水产动物营养与饲料学、水产医学、水产设施与工程、水产品加工与质量安全、渔业经济与管理
0909	草学	草原学、牧草学、草坪学、草地保护学、草业经营学
0910	水土保持与荒漠化防治学	水土保持学、荒（石）漠化防治学、林草生态工程学、生态修复工程学、流域治理学

注：根据 2024 年 1 月中国学位与研究生教育学会官网发布的《研究生教育学科专业简介及其学位基本要求（试行版）》进行整理。

附录Ⅱ　基于专业型研究生教育的农学学科体系

专业学位 类别代码	专业学位 类别名称	专业领域
0951	农业	作物与种业、园艺、资源利用、植物保护、畜牧、渔业、草业、智慧农业技术、农业管理、农村发展
0952	兽医	动物疾病诊疗、动物疫病防控与检疫、动物源食品安全、兽医公共卫生、实验动物与比较医学、兽药创新、中兽医、兽医法律法规、生物安全、兽医生物工程、兽医生物信息、兽医管理
0954	林业	林木种苗工程、森林资源培育与利用、森林资源调查与监测、林业灾害防控、野生动植物保护与利用、自然保护地建设与管理、经济林栽培与利用、林业生态环境工程、智慧林业、城市林业、碳汇林业、森林土壤、森林生物多样性、森林康养与游憩
0955	食品与营养	农产品贮藏保鲜、食品资源开发与利用、食品加工工程、农产品与食品质量安全、食品营养与健康、食品风味、食品包装工程、现代餐饮技术

注：根据 2024 年 1 月中国学位与研究生教育学会官网发布的《研究生教育学科专业简介及其学位基本要求（试行版）》进行整理。

附录Ⅲ　相关政策文件

　　了解和掌握相关的政策文件是制定学科规划、建设与评估的重要基础。以下是一些关于学科规划、建设与评估的相关政策文件的摘录，这些文件对指导农业院校学科建设具有重要意义。

一、国家相关法律政策文件

　　1. 《中华人民共和国学位法》（2024 年 4 月 26 日颁布，2025 年 1 月 1 日起实施）

　　摘录：**第十七条**　国家立足经济社会发展对各类人才的需求，优化学科结构和学位授予点布局，加强基础学科、新兴学科、交叉学科建设。

　　2. 中共中央办公厅、国务院办公厅印发《关于加快推动博士研究生教育高质量发展的意见》（2024 年 10 月）

　　摘录：要完善学科专业体系，强化国家战略人才培养前瞻布局。优化学科专业布局，完善及时响应国家需求的学科专业设置、建设和调整机制，加强理工农医类以及基础学科、新兴学科、交叉学科学位授权点建设，提升博士专业学位授权点占比，加快关键领域学科专业建设，强化学科交叉融合发展。

3.《国家科学技术奖励条例》（国务院令第 782 号第四次修订，2024 年 5 月 30 日发布）

摘录：第十七条　国务院科学技术行政部门应当建立覆盖各学科、各领域的评审专家库，并及时更新。评审专家应当精通所从事学科、领域的专业知识，具有较高的学术水平和良好的科学道德。

4.《中华人民共和国国民经济和社会发展第十四个五年规划和 2035 年远景目标纲要》（2021 年 3 月）

摘录：夯实粮食生产能力基础，保障粮、棉、油、糖、肉、奶等重要农产品供给安全。坚持最严格的耕地保护制度，强化耕地数量保护和质量提升，严守 18 亿亩耕地红线，遏制耕地"非农化"、防止"非粮化"，规范耕地占补平衡，严禁占优补劣、占水田补旱地。以粮食生产功能区和重要农产品生产保护区为重点，建设国家粮食安全产业带，实施高标准农田建设工程，建成 10.75 亿亩集中连片高标准农田。实施黑土地保护工程，加强东北黑土地保护和地力恢复。推进大中型灌区节水改造和精细化管理，建设节水灌溉骨干工程，同步推进水价综合改革。加强大中型、智能化、复合型农业机械研发应用，农作物耕种收综合机械化率提高到 75％。加强种质资源保护利用和种子库建设，确保种源安全。加强农业良种技术攻关，有序推进生物育种产业化应用，培育具有国际竞争力的种业龙头企业。完善农业科技创新体系，创新农技推广服务方式，建设智慧农业。加强动物防疫和农作物病虫害防治，强化农业气象服务。

5. 中共中央、国务院印发《深化新时代教育评价改革总体方案》（2020 年 10 月）

摘录：推进高校分类评价，引导不同类型高校科学定位，办出特色和水平。改进本科教育教学评估，突出思想政治教育、教授为本科生上课、生师比、生均课程门数、优势特色专业、学位论文（毕业设计）指导、学生管理与服务、学生参加社会实践、毕业生发展、用人单位满意度等。改进学科评估，强化人才培养中心地位，淡化论文收录数、引用率、奖项数等数量指标，突出学科特色、质量和贡献，纠正片面以学术头衔评价学术水平的做法，教师成果严格按署名单位认定、不随人走。探索建立应用型本科评价标准，突出培养相应专业能力和实践应用能力。制定"双一流"建设成效评价办法，突出培养一流人才、产出一流成果、主动服务国家需求，引导高校争创世界一流。改进师范院校评价，把办好师范教育作为第一职责，将培养合格教师作为主要考核指标。改进高校经费使用绩效评价，引导高校加大对教育教学、基础研究的支持力度。改进高校国际交流合作评价，促进提升校际交流、来华留学、合作办学、海外人才引进等工作质量。探索开展高校服务全民终身学习情况评价，促进学习型社会建设。

6.《中华人民共和国科学技术进步法》（2021 年修订）

摘录：**第七十条** 科学技术人员有依法创办或者参加科学技术社会团体的权利。科学技术协会和科学技术社会团体按照章程在促进学术交流、推进学科建设、推动科技创新、开展科学技术普及活动、培养专门人才、开展咨询服务、加强科学技术人员自律和维护科学技术人员合法权益等方面发挥作用。科学技术协会和科学技术社会团体的合法权益受法律保护。

二、教育部相关政策文件

1. 教育部等五部门关于印发《普通高等教育学科专业设置调整优化改革方案》的通知（教高〔2023〕1 号）

摘录：到 2025 年，优化调整高校 20％左右学科专业布点，新设一批适应新技术、新产业、新业态、新模式的学科专业，淘汰不适应经济社会发展的学科专业；基础学科特别是理科和基础医科本科专业点占比进一步提高；建好 10 000个左右国家级一流专业点、300 个左右基础学科拔尖学生培养基地；在具有一定国际影响力、对服务国家重大战略需求发挥重要作用的学科取得突破，形成一大批特色优势学科专业集群；建设一批未来技术学院、现代产业学院、高水平公共卫生学院、卓越工程师学院，建成一批专业特色学院，人才自主培养能力显著提升。到 2035 年，高等教育学科专业结构更加协调、特色更加彰显、优化调整机制更加完善，形成高水平人才自主培养体系，有力支撑建设一流人才方阵、构建一流大学体系，实现高等教育高质量发展，建成高等教育强国。

2.《国务院学位委员会、教育部关于印发〈研究生教育学科专业目录（2022 年）〉〈研究生教育学科专业目录管理办法〉的通知》（学位〔2022〕15 号）

摘录：学科门类、一级学科和专业学位类别是国家进行学位授权审核与管理、学位授予单位开展学位授予与人才培养工作的基本依据。

3.《教育部、财政部、国家发展改革委关于深入推进世界一流大学和一流学科建设的若干意见》（教研〔2022〕1 号）

摘录：加强应用学科与行业产业、区域发展的对接联动，推动建设高校更新学科知识，丰富学科内涵。重点布局建设先进制造、能源交通、现代农业、公共卫生与医药、新一代信息技术、现代服务业等社会需求强、就业前景广阔、人才缺口大的应用学科。

4.《教育部办公厅等四部门关于加快新农科建设推进高等农林教育创新发展的意见》（教高厅〔2022〕1 号）

摘录：大力推进农林类紧缺专业人才培养。优化涉农学科专业结构，推进农林教育供给侧改革，加快专业的调整、优化、升级与新建，增强学科专业设置的前瞻性、适应性和针对性。服务现代农业发展、山水林田湖草沙一体化保护和系统治理，强化学科交叉融合，支持有条件的高校增设粮食安全、生态文明、智慧农业、营养与健康、乡村发展等重点领域的紧缺专业。服务绿色低碳、多功能农业、生态修复、森林康养、湿地保护、人居环境整治等新产业新业态发展，布局建设一批新兴涉农专业。

5.《教育部办公厅关于印发〈新农科人才培养引导性专业指南〉的通知》（教高厅函〔2022〕23 号）

摘录：对接国家重大战略需求，服务农业农村现代化进程中的新产业新业态，面向粮食安全、生态文明、智慧农业、营养与健康、乡村发展等五大领域，设置生物育种科学等 12 个新农科人才培养引导性专业。

6.《国务院学位委员会关于印发〈交叉学科设置与管理办法（试行）〉的通知》（学位〔2021〕21 号）

摘录：试点交叉学科名称应科学规范、简练易懂，体现本学科内涵及特色，一般不超过 10 个汉字，不得与现有的学科名称相同或相似。试点交叉学科代码共 4 位，前两位为"99"，后两位为顺序号，从"01"开始顺排。

7.《国务院学位委员会关于修订印发〈博士、硕士学位授权学科和专业学位授权类别动态调整办法〉的通知》（学位〔2020〕29 号）

摘录：**第二条** 本办法所规定的动态调整，系指各学位授予单位根据经济社会发展需求和本单位学科发展规划与实际，撤销国务院学位委员会批准的学位授权点，并可增列现行学科目录中的一级学科或专业学位类别的其他学位授权点；各省（自治区、直辖市）学位委员会、新疆生产建设兵团学位委员会、军队学位委员会（以下简称"省级学位委员会"）在数量限额内组织本地区（系统）学位授予单位，统筹增列现行学科目录中的一级学科或专业学位类别的学位授权点。

8.《国务院学位委员会、教育部关于印发〈学位授权点合格评估办法〉的通知》（学位〔2014〕4 号）

摘录：新增学位授权点获得学位授权满 3 年后，须接受专项合格评估。专项合格评估由国务院学位委员会办公室统一组织，委托国务院学位委员会学科评议组和全国专业学位研究生教育指导委员会实施。

9.《教育部办公厅关于印发〈授予博士、硕士学位和培养研究生的二级学科自主设置实施细则〉的通知》（教研厅〔2010〕1 号）

摘录：学位授予单位可在本单位具有博士学位授权的一级学科下，自主设置与调整授予博士学位的二级学科；在具有硕士学位授权的一级学科下，自主设置与调整授予硕士学位的二级学科。

三、科技部相关政策文件

1.《科技部关于印发〈社会力量设立科学技术奖管理办法〉的通知》（国科发奖〔2023〕11号）

摘录：**第七条** 国家鼓励国内外的组织或者个人设立科学技术奖，支持在重点学科和关键领域创设高水平、专业化的奖项，鼓励面向青年和女性科技工作者、基础和前沿领域研究人员设立奖项。

2.《科技部、中央宣传部、中国科协关于印发〈"十四五"国家科学技术普及发展规划〉的通知》（国科发才〔2022〕212号）

摘录：到2025年，公民具备科学素质的比例超过15％；多元化科普投入机制基本形成，在政府加大投入的同时，引导企业、社会团体、个人等加大科普投入；科普人员数量持续增长，结构不断优化；科普设施布局不断优化，鼓励和支持建设具有地域、产业、学科等特色的科普基地，创建一批全国科普教育基地，提高科普基础设施覆盖面。

四、农业农村部相关政策文件

1.《农业农村部关于大力发展智慧农业的指导意见》（农市发〔2024〕3号）

摘录：到2030年，智慧农业发展取得重要进展，关键核心技术取得重大突破，标准体系、检测制度基本建立，技术先进、质量可靠的国产化技术装备广泛应用；重点地区、重要领域、关键环节的推广应用取得重大突破，推动农业土地产出率、劳动生产率和资源利用率有效提升，行业管理服务数字化、智能化水平显著提高，农业生产信息化率达到35％左右。展望2035年，智慧农业取得决定性进展，关键核心技术全面突破，技术装备达到国际先进水平，农业全方位、全链条实现数字化改造，农业生产信息化率达到40％以上，为建设农业强国提供强有力的信息化支撑。

2.《农业农村部关于印发〈全国智慧农业行动计划（2024—2028年）〉的通知》（农市发〔2024〕4号）

摘录：按照"一年打基础、三年见成效、五年上台阶"的工作安排，分阶段推进。2024年，全面启动智慧农业公共服务能力提升、智慧农业重点领域应用拓展、智慧农业示范带动3大行动8项重点任务。到2026年底，智慧农业公共服务能力初步形成，探索一批主要作物大面积单产提升智能化解决方案和智慧农（牧、渔）场技术模式，农业生产信息化率达到30％以上。到2028年底，智慧农业公共服务能力大幅提升，信息技术助力粮油作物和重要农产品节本增产增效的作用全面显现，先行先试地区农业全产业链数字化改造基本实现，全域推进智慧农业建设的机制路径基本成熟，农业生产信息化率达到32％以上。

3.《农业农村部、国家发展改革委、财政部、自然资源部关于印发〈全国现代设施农业建设规划（2023—2030年）〉的通知》（农计财发〔2023〕6号）

摘录：到2030年，全国现代设施农业规模进一步扩大，区域布局更加合理，科技装备条件显著改善，稳产保供能力进一步提升，发展质量效益和竞争力不断增强。设施蔬菜产量占比提高到40％，畜牧养殖规模化率达到83％，设施渔业养殖水产品产量占水产品养殖总产量比重达到60％，设施农业科技进步贡献率与机械化率分别达到70％和60％，建成一批现代设施农业基地（场、区），设施农产品质量安全抽检合格率稳定在98％。

4.《农业农村部办公厅印发〈关于深化农业科研机构创新与服务绩效评价改革的指导意见〉的通知》（农办科〔2021〕36号）

摘录：基础研究与应用基础研究是农业科技创新的源头，是破解我国现代农业发展"卡脖子"关键技术和产业发展重大科学问题的重要途径。主要评价农业领域重大理论创新、科学发现、方法创新等"从0到1"的原创性成果产出，以及聚焦国家战略需求和区域现代农业发展需要的理论创新、关键科学问题突破、重要研究范式构建、研究方法创新和重要技术创新体系创建等创新成果。评价要重点关注研究工作对关键技术研发和农业产业发展的指导作用，充分考虑不同学科间研究周期、研究难度、论文影响因子等客观差异，从研究水平和对产业发展的影响进行客观评价。

5.《农业农村部关于印发〈"十四五"全国农业农村科技发展规划〉的通知》（农科教发〔2021〕13号）

摘录：涉农高水平研究型大学要发挥基础研究深厚、学科交叉融合、人才资源集中的优势，成为基础研究的主力军和重大科技突破的生力军。要强化研究型大学建设同保障国家粮食安全、高水平农业科技自立自强、全面推进乡村振兴等国家重大战略目标、战略任务的对接，加强基础及应用基础前沿探索和关键技术突破，培养更多知农爱农新型人才，努力构建新时代中国特色涉农学科体系、学术体系、话语体系。